Alexander Schug

History Marketing

Ein Leitfaden zum Umgang mit Geschichte in Unternehmen

[transcript]

Benutzerhinweis: Anschriften, Web-Adressen etc. unterliegen Änderungen. Die in dieser Veröffentlichung enthaltenen Angaben entsprechen dem Stand von Juli 2003.

Bibliografische Information der Deutschen Bibliothek
Die Deutsche Bibliothek verzeichnet diese Publikation in der Deutschen Nationalbibliografie; detaillierte bibliografische Daten sind im Internet über http://dnb.ddb.de abrufbar.

© 2003 transcript Verlag, Bielefeld
Umschlag und Layout: Kordula Röckenhaus, Bielefeld
Redaktion und Satz: more! than words, Bielefeld
Druck: Majuskel Medienproduktion GmbH, Wetzlar
ISBN 3-89942-161-2

INHALT

Teil II: History Marketing: Die Praxis

Teil III: History Marketing als neues Berufsfeld

Serviceteil

→ EINLEITUNG

Mit Geschichte Marketing zu betreiben, scheint auf den ersten Blick anachronistisch (oder aus Perspektive der Wissenschaft fast »gottes-lästerlich«). In einer Wirtschaftskultur, in der Schnelligkeit entscheidet, »first-mover« gelobt werden und scheinbar nur der Blick nach vorne, die Innovationskraft und die ständige Erneuerung im Unternehmen zählen, hat Geschichte heute keinen großen Stellenwert. Manch einer wird denken, dass der Blick nach hinten vielleicht etwas für die alten Pensionäre eines Unternehmens sei. Ein anderer wird einwerfen, dass historische Anlässe – das klassische Firmenjubiläum – lediglich im 25-Jahre-Rhythmus aufkommen und von daher keine Rolle spielen oder einen höchstens ein Mal in seiner Berufskarriere heimsuchen werden. Das historische Bewusstsein in den Unternehmen und Verbänden in Deutschland, Österreich und der Schweiz fristet dementsprechend in der Regel ein träges Schattendasein. Großunternehmen und ausgesprochene Markenartikler leisten sich zwar Archive und feiern alle hundert Jubeljahre ihr Bestehen, aber insgesamt kann die Wirtschaft mit Geschichte nicht viel anfangen. So werden Archive und Werbemittelsammlungen auf den Müll geschmissen, weil Platz gebraucht wird und Kosten eingespart werden müssen. Oder ein cleverer Mitarbeiter verscherbelt die auf dem Dachboden ausgelagerten alten Werbemittel für viel Geld auf den regelmäßig stattfindenden Reklamebörsen. Und die Vorstandssekretärin weigert sich irgendwann, ihr Büro weiterhin von anderen Abteilungen als Abladeplatz für staubigen Abfall aus der Vergangenheit missbrauchen zu lassen.

Dieser Missachtung von Geschichte im Unternehmen soll mit diesem Ratgeber »der Garaus gemacht werden«. Nicht weil ich als studierter Historiker Ihnen mit erhobenem Zeigefinger barbarisches Verhalten mit Kulturgütern vorwerfen möchte. Der Ansatz ist anders – und hier spricht der PR- und Marketing-Mensch in mir: Geschichte kann als Marketinginstrument kreativ in der Unternehmenskommunikation eingesetzt werden und wird in den meisten Unternehmen vollkommen unterschätzt. Das so genannte History Marketing geht dabei

weit über die konventionellen Anlässe, den Blick auf die Unternehmensgeschichte zu wagen, hinaus.

History Marketing wird nicht nur aktuell, wenn gerade mal der
100. Geburtstag – oder sei es auch nur der zehnte – vor der Tür steht.
History Marketing wird in diesem Ratgeber als konstanter Prozess
vorgestellt: mit einer Vielzahl von Anlässen und den unterschiedlichsten Instrumenten und Maßnahmen. Mit dem History Marketing wird
eine zeitliche Dimension mit Blick auf Markenaufbau und Unternehmenskultur betont, die von Marketing-, PR- oder Werbefachleuten zukünftig als fester Bestandteil eines ausgewogenen Kommunika-
tions-Mix angesehen werden sollte, weil sich damit neue Formen und
Anlässe der Kommunikation mit einer Vielzahl von alten und neuen
Zielgruppen verbinden lassen.

Dieses Buch ist deshalb als Leitfaden und Anregung gedacht und geht
davon aus, dass Geschichte sinn- und identitätsstiftend für Mitarbeiter und Kunden ist. Man kann die Geschichte seines Unternehmens
oder Verbandes für sich nutzen. Das ist der Ansatzpunkt des History
Marketing. Das Konzept, das sich dahinter verbirgt, wird in drei Kapiteln erläutert. In einem vierten Kapitel wird der Markt des History
Marketing beschrieben.

Im **ersten Kapitel** steht im Mittelpunkt, welche Bedeutung allgemein die Unternehmensgeschichte für die Kultur eines Unternehmens
und die Markenpolitik hat. Was das History Marketing ist, für welche
Unternehmen es geeignet ist und welche Zielgruppen damit angesprochen werden können, wird ebenso behandelt. Diskutiert wird
dann, was scheinbar gegen das History Marketing spricht. Interviews
mit einem Werbefachmann und einem Unternehmenshistoriker vertiefen die allgemeinen Ausführungen zum History Marketing.

Das **zweite Kapitel** macht deutlich, dass die Geschichte eines Unternehmens zum kritischen Faktor in der Unternehmenskommunikation werden kann. Die Zwangsarbeiterfrage in Deutschland und Österreich oder die Diskussionen um die aus der NS-Zeit stammenden herrenlosen Vermögenswerte der Schweizer Banken haben das in den
letzten Jahren deutlich vor Augen geführt und bleibende Imageschä-

den verursacht. Im Sinne der Krisenprävention ist das zweite Kapitel deshalb ein Plädoyer an die Kommunikationsverantwortlichen, ihr historisches Bewusstsein zu schärfen.

Im **dritten Kapitel** wird es dann praktisch. Sind Unternehmensgeschichte und die dazugehörenden Marken- und Produktgeschichten als Teil der strategischen Kommunikationsarbeit entdeckt, sind folgende Fragen relevant: Was brauche ich zum History Marketing? Wie dokumentiere ich meine Geschichten, damit sie für die verschiedenen Aufgaben aufbereitet werden können? Die Verwaltung bspw. des Firmenarchivs durch das Vorstandssekretariat und das Ausgraben von alten Reklametafeln für Werbezwecke reichen da nicht aus. Welche Anlässe des History Marketing kann man nutzen? Mehr als nur das 50-jährige Bestehen! Und welche Tools bietet das History Marketing? Auch hier gibt es mehr als nur die klassische Jubiläumsschrift. Anhand von einschlägigen Praxisbeispielen werden konkrete Anleitungen für das History Marketing geliefert.

Dass das History Marketing ein relativ neues und dynamisches Arbeitsfeld für Historiker und andere qualifizierte Geisteswissenschaftler eröffnet, ist Thema des **vierten Kapitels**, das sich damit an die Dienstleister des History Marketing richtet.

Ein **Serviceteil** mit wichtigen Adressen von historischen Dienstleistern und Literaturangaben runden den Ratgeber ab.

Die Zielgruppen dieses Praxisleitfadens sind Inhaber und Geschäftsführer, Verantwortliche der Unternehmenskommunikation, PR- und Werbeprofis in Agenturen, Firmenarchivare, Museums- und Ausstellungsmacher, aber auch Historiker oder allgemein Geistes- und Kulturwissenschaftler, die ihr Know-how auf dem freien Markt als Dienstleister den Unternehmen anbieten möchten.

Teil I:
Weshalb Unternehmensgeschichte
wichtig ist

→ 1. Geschichte als positive Sinnstiftung für Unternehmen und Verbände

In diesem Kapitel werden die Prämissen des History Marketing besprochen. Vorteile werden gegen (vermeintliche) Nachteile abgewogen und es wird erläutert, für welche Unternehmen und Zielgruppen das History Marketing interessant ist.

Die Bedeutung von Geschichte für die Unternehmenskultur und Markenpolitik

Versteht man ein Unternehmen lediglich als Wirtschaftsbetrieb, der nach zweckrationalen, wirtschaftlichen Maßstäben Sachgüter und Dienstleistungen für einen Markt produziert, blendet man wesentliche Dimensionen aus. Ein Unternehmen ist wesentlich mehr: Unternehmen sind komplexe soziale Organisationen, die im Idealfall als verantwortungsbewusste Arbeitgeber handeln und sich intensiv mit ihren Märkten und Zielgruppen auseinander setzen. In einem kommunikativen Beziehungsgeflecht zwischen Unternehmen und Öffentlichkeit spielen die einmalige Identität eines Unternehmens und das unverwechselbare Image seiner Produkte eine besondere Rolle. Die Darstellung der Einzigartigkeit eines Unternehmens und seiner Produkte ist allerdings ein schwieriges Unterfangen. Es reicht nicht aus zu sagen, dass man ein besserer Arbeitgeber als alle anderen sei und dass seine Produkte nutzerfreundlicher, besser gestaltet, qualitätsvoller oder exklusiver seien als alle anderen. All diese Wertedimensionen kann zunächst einmal jeder für sich reklamieren; es kommt darauf an, dass sie auch glaubwürdig darzustellen sind. Glaubwürdigkeit ist deshalb eines der wichtigsten Schlagworte, das in der Kommunikationsarbeit übersetzt werden muss. Nur: Was macht ein Produkt oder ein Unternehmen glaubwürdig? Der zehnte Life-Style-Event mit Nachwuchsbands oder der hundertste Schlüsselanhänger mit Firmenlogo? Vermittelt ein Unternehmen damit der Öffentlichkeit seine einmalige Identität und macht die Qualität seiner Produkte deutlich? Kann es damit seine Rolle als nachhaltig agierender sozialer Akteur in unserer Gesellschaft unter Beweis stellen? Diese beiden Aspekte – die einmalige Identität eines Unternehmens und das unverwechselbare Image seiner Produkte – stehen in einem komplexen Zusammenhang, der hier kursorisch besprochen werden soll.

Erstens – Verflüchtigung von Unternehmens- und Produktidentität: Identität und deren Glaubwürdigkeit wird zukünftig immer schwieriger kommunikativ zu vermitteln sein, weil sich Identität als ein sehr flüchtiges Gut erweist. Die Beschleunigung des Wirtschaftslebens nimmt durch neue Kommunikationstechniken und Produktionsmethoden sowie kürzere Markt- und Produktzyklen zu. Unternehmen produzieren und verkaufen nicht mehr in ihren angestammten heimatlichen Märkten, sondern dort, wo die Rahmenbedingungen entsprechend günstig sind. Oder Unternehmenseinheiten, die nicht zum Stammgeschäft gehören, werden ausgegliedert. Zusammenschlüsse, Kooperationen oder Firmenaufkäufe nehmen zu. In der Folge ergeben sich zunehmend dezentrale Strukturen und eine **steigende Heterogenität der Unternehmen und ihrer Mitarbeiterschaft.**

Gleichzeitig werden in dem zunehmend globalisierten Markt die Produkte der Unternehmen immer ähnlicher und von verschiedenen Produzenten zu gleichen Preisen angeboten. Diese so genannte »brand parity« bringt mit sich, dass Produkte austauschbarer erscheinen, weil sie mit identischen Markenwerten (Qualität, Preis, Design, Umweltverträglichkeit etc.) aufgeladen werden. Die Spielräume für wettbewerbsrelevante Unterscheidungen sind gering und werden in wachsendem Maße nur noch über die entsprechende Kommunikationsarbeit getroffen. Unternehmen und Marken mutieren vielfach zu virtuellen Konstrukten.

Wie sehr »Markenartikler«, zumindest beim Endverbraucher, unter dem Verlust ihrer Markenimages leiden, zeigt sich auch darin, dass Millionen von Verbrauchern schon lange nicht mehr teure Markenware, sondern verstärkt No-Name-Produkte einkaufen. Die so genannten Handelsmarken laufen den Markenartikeln den Rang ab. Nach einer aktuellen Studie der Unternehmensberatung Accenture soll bis 2010 z.B. im Lebensmittelhandel jedes dritte Produkt durch

eine Handelsmarke ersetzt sein. Die traditionsreichen und über lange
Jahre aufgebauten **Marken fallen dem »Aldi-Syndrom« zum Opfer.**

Der Zweck der Kommunikationsarbeit ist in diesem Kontext, den genannten Entwicklungen zum Trotz, wettbewerbsdifferenzierende Wer-
testrukturen aufzubauen und den Zielgruppen (Kunden, Mitarbeitern,
Aktionären etc.) bei ihren Präferenzen das gute Gefühl zu geben: Ja,
ich habe richtig gewählt, dieses Produkt des Herstellers XY passt zu
mir besser als andere, weil es sympathisch und glaubwürdig ist.
Oder: Hier fühle ich mich als Arbeitnehmer wohl, weil das Unternehmen mich ernst nimmt und mir mehr Sicherheit und Karrierechancen
bietet als seine Wettbewerber. Oder: Ich kaufe Aktien dieses Unternehmens, weil ich mehr als bei anderen an dessen Ertragskraft und
Zukunft glaube. Diese Wettbewerbsdifferenzierung und der **Aufbau
von Alleinstellungsmerkmalen** (»uniqueness«) ist Ziel aller Markenpolitik. Aber nicht nur für die Produkte, sondern auch für die Identität
eines Unternehmens sind Alleinstellungsmerkmale von entscheidender Bedeutung.

Zweitens – Verlust von Kontinuität: Andere allgemeine gesellschaftliche Tendenzen haben ihren Beitrag zur Verflüchtigung von Identität
und gelebter Unternehmenskultur. Niemand wird mehr ein ganzes
Leben lang in einem Betrieb arbeiten. Schon seit einigen Jahren gibt
es neue Mitarbeitergenerationen, denen der Stolz eines alten Sie-
mensianers, 40 Jahre bei dem Münchner Technologiekonzern gearbeitet zu haben, wie aus einer anderen Welt erscheint. Patchwork-Bio-
grafien, die zweite oder dritte Karriere innerhalb eines Berufslebens,
das Dasein als Berufsnomade, PC-Heimarbeit oder das Arbeiten in lo-
sen Netzwerkstrukturen treten an die Stelle bisheriger beruflicher
Kontinuität und fester Arbeitsplätze. Das Schlagwort der Individuali-
sierung von Lebensentwürfen ist heute eines der meist gebrauchten,
wenn es um die Beschreibung wirtschaftlicher und gesellschaftlicher
Entwicklungen geht, und stellt Arbeitgeber vor das schwierige Problem, vagabundierende Mitarbeiter in ihre Unternehmenskultur zu in-
tegrieren. Dazu kommt das sich grundlegend ändernde Konsumen-

tenverhalten. Auch hier zeigt sich der Verlust von Kontinuität in den sich schnell ändernden Markenpräferenzen.

Drittens – wachsendes Anspruchsdenken gegenüber den Unternehmen: Ein weiterer Trend ist absehbar. Die Ansprüche an die Unternehmen und die Ansprüche der Gesellschaft an die Wirtschaft als abstraktes Ganzes steigen enorm. Im Kulturbereich kommen viele Institutionen oder Sportverbände nicht mehr ohne die Unterstützung von Sponsoren aus. Selbst im Bildungsbereich an Schulen und Hochschulen sollen die Unternehmen in Zeiten knapper öffentlicher Kassen einspringen. So entstanden Projekte wie »Schulen ans Netz« der Deutschen Telekom oder die Initiative der deutschen Wirtschaft in Berlin, eine eigene private Eliteuniversität zu gründen. In der Fachsprache der Kommunikationsbranche ist seit einiger Zeit das Stichwort der »**corporate citizenship**« zu einer Mode geworden, womit aus anderer Perspektive letztlich die gestiegene Anspruchshaltung der Öffentlichkeit gegenüber Unternehmen beschrieben ist. »Corporate Citizenship« wird dabei vor allem als »Investition in soziales Kapital«, also als Aufbau von Beziehungen zwischen Unternehmen und anderen gesellschaftlichen Gruppen verstanden. Zum einen machen Unternehmen damit also Werbung für sich selber. Zum anderen ist es aber auch ein klares Bekenntnis, seine gesellschaftliche Verantwortung wahrzunehmen und sich als Organisation zu empfinden, die durch ihre Entscheidungen, Produktentwicklungen und ihr Marketing die Gesellschaft in ihren Strukturen sowie das Leben der Menschen und ihre Gewohnheiten, mithin deren Geschichte, entscheidend prägt. Das hat wiederum zur Folge, dass Unternehmen transparenter werden, offener kommunizieren und sich als Interaktionspartner der Öffentlichkeit stärker erklären müssen.

Viertens – Geschichte als Teil der Globalisierungskultur: Seit Jahren ist ein wahrer **Geschichtsboom** ausgebrochen, was sich an Verkaufszahlen historischer Bücher, Museumseröffnungen, zahllosen TV-Dokumentationen oder den öffentlichen Debatten nachvollziehen lässt. Das mag manch einer als Geschichtsfolklore abtun und sowieso irrelevant für das Management von Unternehmen und die Markenpolitik halten. Der Geschichtsboom ist als Phänomen im Zeitalter der Globalisierung allerdings sehr interessant und steht in direktem Zusammenhang mit dem Thema dieses Buches. Geschichte ist gewissermaßen ein kompensatorisches Element der neuen Globalisierungskultur, die durch Schnelligkeit und Unübersichtlichkeit geprägt ist und den Menschen die Orientierung schwierig macht. Das hat zur Folge, dass viele sich verstärkt ihrer eigenen Rolle vergewissern möchten und gerade in der »beschleunigten« Moderne nach festen Werten Ausschau halten, die ein Gefühl der Vertrautheit geben. Deshalb beschäftigen sie sich mit der tieferen Bedeutung der Dinge, die sie umgeben. Dieses lebensweltliche Interesse äußert sich in historischer Faszination, die die Unternehmen als Akteure und Ausstatter unserer Lebenswelt nutzen können. Das bedeutet nicht, anti-modernistisch oder globalisierungskritisch zu sein, sondern die aktuellen gesellschaftlichen Prozesse bewusster wahrzunehmen und in der Konsequenz für seine Marktpositionierung und Unternehmenskommunikation zu berücksichtigen.

Angesichts dieser skizzenhaften Situationsanalyse verschwimmen die Identität eines Unternehmens und die Profile von Marken zunehmend, vielfach wird sogar von regelrechten Kultureinbrüchen gesprochen. Demgegenüber stehen die wachsenden Ansprüche der Öffentlichkeit an die Unternehmen und das Interesse, sie als alltägliche Interaktionspartner besser kennen zu lernen.

Im Zuge der sich ausweitenden Globalisierung wird es für ein Unternehmen also immer wichtiger, nicht als inhaltsleerer, gesichtsloser Akteur ohne Werte und Prinzipien am Markt und in der Gesellschaft wahrgenommen zu werden. Die Integrationsleistung der Unternehmenskultur und die Stärke von Marken wird nur dann aufrechterhalten werden können, wenn sie Ausstrahlungskraft haben, sie ein Produkt bewusster Steuerung sowie intensiver Pflege sind.

In einschlägigen Fachbüchern der Kommunikationsbranche wird die Operationalisierung der Unternehmenskultur meist auf ein stringentes Corporate Design von Produkten, Architektur oder Kommunikation oder das so genannte »corporate behaviour« reduziert. Die Frage lautet allerdings, ob eine Corporate Identity, Corporate Design bzw. Corporate Behaviour beliebig gestaltbar sind bzw. ausreichen, um Eckpfeiler der Unternehmenskultur zu sein?

Die Antwort lautet eindeutig: Nein! Und hier kommt nun das History Marketing und die Wirkung von Geschichte ins Spiel. Unternehmen sind sozusagen »historische Wesen« und ihre Produkte das Ergebnis von Entwicklungen. Sie reagieren auf Änderungen in ihren wirtschaftlichen, technischen, politischen sowie kulturellen Umwelten und Innenwelten, die ihrerseits nie einfach da sind. Umwelten und Innenwelten des Unternehmens sind gewachsene Räume, die aus einem historisch zu deutenden Anpassungsprozess entstanden sind. Soll ein Unternehmen als soziale Organisation verstanden werden, muss dieser Interpretationshintergrund Berücksichtigung finden. Die Geschichte eines Unternehmens muss deshalb – trotz aller notwendigen und positiven Veränderungen und Weiterentwicklungen und damit der Loslösung von Teilen der Vergangenheit – fester Bestandteil einer Unternehmenskultur und der Markenpolitik sein, um glaubwürdig zu wirken.

Tradition und ihre Pflege sind in diesem Sinne ein wirkungsvolles Mittel zur Vertiefung der Unternehmensphilosophie sowie der Glaubwürdigkeit von Marken- und Kompetenzversprechen. Tradition kreiert ein Gefühl der Vertrautheit, das eine Antwort auf die Flüchtigkeit der Globalisierungskultur ist.

Was ist History Marketing?

Um zunächst eine negative Definition zu liefern: Das History Marketing hat nicht unbedingt etwas damit zu tun, das Handeln von Unternehmen in die Wirtschaftsgeschichte oder allgemeine Geschichte einzuordnen, und ist nicht eine privatfinanzierte Serviceleistung für die Wissenschaft. Insofern ist einem Autor und Historiker wie Wilhelm Treue zu widersprechen, der sich jahrzehntelang um die Etablierung von Unternehmensgeschichte verdient gemacht hat, aber meinte, dass diese von Haus aus nichts zu tun habe mit Public Relations, Human Relations, Werbung und anderen Interessen und Wünschen der Unternehmen.

Der Ansatz des History Marketing ist entgegengesetzt. Die **Geschichten** eines Unternehmens, die Produktgeschichten und die Beziehungsgeschichten zu seinen Zielgruppen und Märkten sind eine der **wichtigsten Ressourcen des Unternehmens- bzw. Markenbildes.** Bei den sich dauernd verändernden Unternehmensstrukturen in einer sich schnell wandelnden Welt stellt die Tradition eine verlässliche Konstante dar und gehört zu den wertvollsten und unantastbaren Besitztümern eines Unternehmens, das zum Aufbau und Erhalt einer Marke oder der Unternehmenskultur beiträgt. Durch die Geschichte unterscheidet sich ein Unternehmen mit seinen Produktmarken eindeutig von Wettbewerbern, weil Geschichte einmalig ist, nicht kopiert und nicht erfunden werden kann und für jeden überprüfbar ist. Durch die Pflege der Geschichte werden die Investitionen in eine Marke und die Unternehmenskultur vertieft. Die Geschichte ist der Beweis für alle Marken- und Kompetenzversprechen und Imagedimensionen, mit denen sich Unternehmen ausstatten. Die Geschichte ist das einzig dauerhafte Alleinstellungsmerkmal, auf das sich Unternehmen heute noch beziehen können. Und die Abgrenzung zum Wettbewerb trägt zum Erfolg eines Unternehmens bei.

Wie sehr sich die Gleichung bewahrheitet, dass erfolgreiche Unternehmen und starke Marken Unternehmen und Marken mit Tradition sind, zeigt sich deutlich in Imagestudien und Untersuchungen zu Markenwerten. Die vom Bielefelder Meinungsforschungsinstitut Emnid erstellte repräsentative Studie zum Image von 172 Unternehmen, bei der rund 2500 Vorstände und Top-Manager befragt wurden (→ www.manager-magazin.de/unternehmen/imageprofile), belegt, dass fast ausschließlich traditionsreiche Unternehmen wie *Porsche,*

BMW, Miele, Lufthansa oder *Dr. Oetker* überdurchschnittlich positive Imageprofile aufweisen. Das Gleiche gilt für die von der Marktforschungsgesellschaft Interbrand (→ www.interbrand.com) regelmäßig durchgeführte Untersuchung zu Produktmarkenwerten. Auch hier schaffen es bis auf wenige Ausnahmen nur über lange Zeit gepflegte Traditionsmarken wie *Coca-Cola, Mercedes, Gilette* oder *Nivea* auf die vorderen Ränge.

> *Die Bemühungen um die Pflege der Tradition und die Summe der Maßnahmen, diese Tradition zu kultivieren und in der Unternehmens- und Markenkommunikation konsequent und strategisch einzusetzen, machen das History Marketing aus.*
>
> *Das History Marketing kultiviert das einzig zeitlose Alleinstellungsmerkmal, auf das sich Unternehmen und Marken beziehen können: Ihre Geschichte.*

Das History Marketing nutzt Geschichte zusätzlich als Teil der Zukunftsperspektiven eines Unternehmens. Denn sichtbar gemachte Geschichte hat einen einfachen Effekt: Die Zielgruppen lernen, dass ein Unternehmen seit Jahrzehnten in einer Branche Erfahrungen gesammelt hat; dass seit Jahrzehnten Forschung und Innovation oder Kundenservice einen hohen Stellenwert haben und bis heute zur Kultur eines Unternehmens gehören. Daraus entsteht das Vertrauen auf eine erfolgreiche Zukunft. Die Stuttgarter *Porsche AG* z.B. drückt es auf ihrer Website so aus: »Der Blick zurück ist zugleich ein Blick nach vorn«. Die *Historische Gesellschaft der Deutschen Bank* handelt unter dem Motto: »Auch Geschichte schreibt Zukunft«. Andere Slogans lauten: Ohne Retrospektive keine Perspektive oder wer keine Vergangenheit hat, hat keine Zukunft. Wichtig ist beim Einsatz von Unternehmensgeschichte in das Marketing, dass Tradition und Zukunft eng verknüpft werden. Jeder Hinweis auf eine historische Patentanmeldung muss mit dem Hinweis verbunden sein, Forschung und Innovation auch weiterhin zur Maxime des unternehmerischen Handelns zu machen. Der Einsatz des History Marketing hat also sehr viel damit zu tun, welche Ziele sich ein Unternehmen für die Zukunft setzt. In den meisten historischen Firmenpublikationen finden sich idealtypisch spätestens im letzten Kapitel Aussagen zu zukünftigen Plänen. So bei einer *Beiersdorf*-Imagebroschüre von 1982: »Zum 100jährigen Jubiläum [...] ist Beiersdorf [...] gut gerüstet für die Herausforderungen des zweiten Jahrhunderts seiner Firmengeschichte. Mit der bewährten Kreativität und dem nötigen Stehvermögen werden auch sie zu meistern sein.« Oder *Florena* kommunizierte 2001 zum 150.: »[...] und doch bleiben immer neue Herausforderungen. Aufgaben, die reizen. Ziele, die motivieren. Träume, die beflügeln. Jeden Tag grüßt die Zukunft. Immer wieder muss der gute Ruf neu erkämpft werden. Nur so schreibt die 150 Jahre alte Firma auch weiterhin Geschichte.« Die *Werner & Mertz GmbH* machte in Ihrer Imagebroschüre zum 100. Geburtstag der Schuhpflegemarke *Erdal* im Jahre 2001 ebenfalls deutlich, dass sie »Gut gerüstet für die Zukunft« sei.

Das History Marketing verbindet die Retrospektive mit der Zukunftsperspektive.

Das **History Marketing ist eine Alternative zur »Neuheits-Manie«** vieler Marketingleute, die wöchentlich propagieren, dass dies oder das »neu« sei, einen neuen Duft, neues Design hat oder noch praktischer zu dosieren sei. Das Neue scheint oberflächlich immer besser zu sein. Die Neuheits-Manie kann die Konsumenten aber auch verunsichern und überfordern, denn mit jedem »Neu«-Aufkleber auf der Verpackung eines bewährten Produkts wird der Kunde sich fragen: Ist das noch das Produkt, was zu mir passt und was mir bislang geholfen oder gefallen hat? Das History Marketing bedient hier den Anreiz des Bewährten, des Bekannten und des guten Alten und geht auf den zeitlichen Aspekt der Unternehmens- und Produktkommunikation und das Gedächtnis der Konsumenten ein. Es schafft Kontinuität und Konsistenz. Es spielt mit den Leitsätzen unserer Alltagskultur wie:

- Alter bringt Erfahrung
- Erfahrung ist alles
- Erfahrung macht den Meister
- Was gut ist, setzt sich durch
- Tradition verpflichtet
- Altbewährtes hält länger
- Aus Erfahrung gut

Manche Marken wie »Werthers Original Bonbons«, eines der ersten Markenbonbons, das Anfang des 20. Jahrhunderts von der Firma *Storck* auf den Markt gebracht wurde, bauen fast ausschließlich auf diesem Prinzip auf und setzen in der Werbung seit Jahrzehnten den Großvater, der schon von seinen Eltern die *Werthers Original* bekommen hat und nun seinem eigenen Enkel die bewährten Bonbons weitergibt, als Testimonial ein. Auf der Verpackung heißt es dann auch:

»Es geschah im Städtchen Werther anno 1909. Dort schuf der Zuckerbäcker Gustav Nebel auf der Höhe seines Könnens sein bestes Bonbon. Er nahm frische Sahne, gute Butter, weißen Kristallzucker, goldgelben Kandis, eine Prise Salz und viel Zeit [...] Sie schmecken heute noch so köstlich, wie von Meister Nebels Backblech genascht.«

Das History-Marketing bietet eine Alternative zur Neuheits-Manie vieler Marketingleute.

Das History Marketing liefert zusätzlich neben den konventionellen Anlässen der Unternehmens- und Markenkommunikation (z.B. Jahrespressekonferenz, Produkteinführung, Produktrelaunch oder Messepräsentation) **weitere Anlässe, mit** alten, aber auch neuen **Zielgruppen Kontakt aufzunehmen.** Das History Marketing geht darüber hinaus, alle hundert Jahre ein Jubiläum zu feiern.

Hinter dem Begriff des History Marketing steht das System, die unterschiedlichsten historischen Anlässe und eine ganze Reihe von Instrumenten stetig anzuwenden.

Last but not least: Das History Marketing und die Beschäftigung mit Unternehmenstraditionen z.B. durch den Aufbau, Erhalt oder Ausbau und die Nutzung eines Firmenarchivs ist nicht zuletzt ein Beitrag zur Erforschung der Kultur- und Wirtschaftsgeschichte seiner Märkte und somit ein klares Zeichen dafür, dass ein Unternehmen seine Rolle als »corporate citizen« ernst nimmt, mit Sinn für das Geschehen um sich herum agiert und seine Produkte als Bestandteil unserer Alltagskultur ansieht.

Das History Marketing positioniert ein Unternehmen als kulturell verantwortlichen Akteur in der Gesellschaft.

Deutlich muss an dieser Stelle herausgestellt werden, dass der Einsatz von Unternehmensgeschichte für das Marketing nur möglich ist, wenn die Unternehmensgeschichte zuvor nach wissenschaftlichen, »objektiven« Maßstäben aufgearbeitet wurde und die entsprechenden Voraussetzungen dafür z.B. das Vorhandensein eines Archivs – gegeben sind. Eine unterhaltsam gestaltete CD-ROM mit Wissensquiz zur Unternehmensgeschichte kann nur funktionieren und ernst genommen werden, wenn die Informationen solide recherchiert sind und ein **klares »Geschichtsbild«** vom Unternehmen vorhanden ist. Das ist gewissermaßen der Sockel des History Marketing.

Davon ausgehend, können alle weiteren Instrumente des History Marketing inhaltlich verkürzt angewandt werden. Hier setzt dann die **Kreativität bei der Darstellung von Unternehmensgeschichte** ein. Interaktive Features auf der Website oder ein Brettspiel zur Unternehmensgeschichte sind also die Kür.

History Marketing basiert auf der wissenschaftlichen Aufarbeitung von Unternehmensgeschichte. Dazu ist ein Unternehmensarchiv eine wichtige Hilfe.

Für welche Unternehmen kommt History Marketing in Frage?

Vielleicht wird sich manch einer sagen, dass die Kultivierung der Unternehmensgeschichte nur etwas für die großen Unternehmen mit mehr als 10.000 Mitarbeitern und z.b. einem Umsatz von 10 Milliarden Euro oder Schweizer Franken sei. Solche Unternehmen verfügen über entsprechende finanzielle Ressourcen. Das Geld für ein Museum oder eine Stiftung wird da mehr oder weniger aus der Portokasse bezahlt. Außerdem ist das öffentliche Interesse an einem Global Player wie *Volkswagen,* der österreichischen *Steyr AG* oder dem Schweizer Pharmariesen *Novartis* wesentlich größer als am Bäcker um die Ecke oder dem Bestattungsinstitut. Grundsätzlich stimmt das. Trotzdem: Auch der Bäckermeister kann zum 25-jährigen Betriebsjubiläum Fotos aus dem Familienalbum in seinem Laden oder Schaufenster arrangieren, Jubiläumsbrötchen zum Sonderangebot backen und damit seinem kleinen Kundenkreis sagen: Ich bin für euch seit einem Vierteljahrhundert da, ich gehöre hier in den Kiez und bin Teil eures Lebens. Wichtig ist also nicht immer das Geld, sondern die Idee.

Übertragen lässt sich die Idee des History Marketing ebenso im Falle einer Immobilienentwicklungsgesellschaft, die ein Objekt mit Geschichte vermarktet und dieses Objekt (z.B. eine alte, umgebaute Industrieanlage) mit einer Bedeutung für die zukünftigen Mieter belegt. Die stillgelegte *Zeche Zollverein* in Essen wurde 2001 zum Weltkulturerbe erklärt und wird genau deshalb für Medien- und Designbüros und andere Betriebe zum begehrten Wirtschafts- und Kulturstandort mit Seele und Vergangenheit, mit der kein charakterloser Neubau konkurrieren kann. Oder: Der Projektentwickler *3L* kaufte nahe am Berliner Gendarmenmarkt ein ehemaliges Ballhaus, das in den 1920er Jahren Treffpunkt der Berliner Gesellschaft war. Nach der Sanierung, die bald anfängt, soll das Haus als Kulturzentrum vermarktet werden. Zuvor stehen noch Verhandlungen mit dem Landesdenkmalamt an. Mit einer fundierten »Haus-Geschichte« wird *3L* gegenüber dem Landesdenkmalamt seine Sensibilität gegenüber der Bausubstanz und der Baugeschichte des Hauses herausstellen. Für künftige Nutzer entsteht eine Broschüre, die die Haus-Geschichte spritziger aufmacht sowie auf die rauschenden Ballnächte in den »Goldenen Zwanzigern« hinweist und darauf, dass der Ort ein lebendiger Mittelpunkt des gesellschaftlichen Lebens in Berlin war – und wieder werden soll. Das macht deutlich, dass das History Marketing nicht nur für bekannte Markenartikler wie z.b. *Coca-Cola* interessant ist, sondern in den verschiedensten Kontexten Anwendung findet.

Unabhängig von eigenen authentischen Geschichten lassen sich **»externe« Sachkontexte für das History Marketing nutzen.** Selbst ein junges, traditionsloses Unternehmen aus dem Bereich der Biotechnologie kann seine Philosophie am Markt mit dem gewählten Rückbezug auf »externe« Traditionen zurückführen. Zum Beispiel die, einem alten historischen Traum der Menschheit nachzufolgen und sich der Forschung der großen Frauen und Männer der Medizingeschichte zu Gunsten der Gesundheit der Menschen in aller Welt verpflichtet zu fühlen. Aus diesem Anspruch können eine ganze Reihe von Publikationen oder Veranstaltungen mit historischem Bezug entstehen.

Nicht nur Unternehmen und Kleinbetriebe können auf das History Marketing als Ergänzung ihrer bisherigen Unternehmenskommunikation zurückgreifen. Alle gemachten Aussagen gelten ebenso für Vereine oder Verbände.

> *History Marketing eignet sich für jedes Unternehmen – egal, welcher Größe, egal, welcher Branche. Der betriebene Aufwand für das History Marketing und die Werkzeuge müssen auf die jeweiligen Bedürfnisse und finanziellen Mittel abgestimmt werden*

Welche Zielgruppen spricht das History Marketing an?

Eine Zielgruppe des History Marketing muss als Erste hervorgehoben werden: Die Entscheider innerhalb der Unternehmen selber, also die Leute, die darüber befinden, ob und wieviel dem Unternehmen das Archiv, das Firmenmuseum etc. wert ist. Das historische Bewusstsein

von Vorständen oder Geschäftsführern sowie von Kommunikationsverantwortlichen ist häufig nicht besonders ausgeprägt. Diejenigen,
die im Bereich des History Marketing schon tätig sind, wissen, wie
schwierig es ist, sich im Unternehmen zu positionieren. Noch schwieriger ist es für externe Dienstleister. Nicht selten sind bei Wirtschafts-
archivaren oder Unternehmenshistorikern deshalb Resignation oder
stillschweigendes Abwarten, dass ein Vorstandsmitglied das Archiv
oder andere Einrichtungen mit historischem Bezug als Kostenfaktor
auf die Streichliste setzt.

Deshalb bedarf das History Marketing selbst zuallererst einer
strategisch angelegten Öffentlichkeitsarbeit. Unternehmensarchivare oder Unternehmenshistoriker müssen ihren Rückhalt ausbauen
und die **Entscheider im Unternehmen in ihre Arbeit stärker integ-
rieren.** Das heißt: Zeigen, dass man da ist. Zeigen, was man macht.
Zeigen, was das Unternehmen, Mitarbeiter und Zielgruppen vom History Marketing haben. Externe Dienstleister werden in den nächsten
Jahren ihren Markt weiter kultivieren und von außen das historische
Bewusstsein in den Unternehmen stärken müssen. Also die Zielgrup-
penansprache des History Marketing beginnt zunächst auf einer Me-
ta-Ebene.

> *Es muss ein historisches Bewusstsein bei den Unternehmen und deren
> Entscheidern geschaffen werden.*

Abgesehen von den Entscheidern im Unternehmen: **Welche Zielgruppen spricht das History Marketing ansonsten an?** Es ist zunächst ein Fehler zu glauben, dass die Geschichte eines Unternehmens nur deren Pensionäre interessieren würde. Die Öffentlichkeit für
historische Informationen ist groß, hängt aber natürlich von der Präsentation und den Anlässen des History Marketing ab.

So sind z.B. Nostalgieverpackungen von Marken wie *Brandt-
Zwieback* oder *Henkel (Persil)* eine begehrte Ware, die auch bei einer
Vielzahl von jungen Menschen als Sammlerobjekte begehrt sind. Ak-
tionen mit Nostalgieverpackungen schaffen besondere Aufmerksam-

keit und sprechen neue Zielgruppen an. Durch die Präsentation alter Werbung auf der Website oder in Form einer Ausstellung werden Erinnerungen verschiedener Generationen wachgerüttelt, weil die Werbung Spiegel einer Gesellschaft und der Lebensgefühle der Menschen ist. Oder eine Ausstellung über *Coca-Cola* im Haus der Geschichte der Bundesrepublik Deutschland in Bonn wird zum generationenübergreifenden Familienerlebnis. Bezugsgruppen, die bereits eine Verbindung zu einem Unternehmen oder einem Produkt aufgebaut haben, werden emotional angesprochen, wenn sie sehen, dass ihr Lieblingswaschmittel 90 Jahre alt wird – sozusagen eine gute alte Bekannte. Betritt ein Unternehmen einen völlig neuen Markt im Ausland oder bringt ein Produkt auf den Markt, das anscheinend nicht zum Image des Unternehmens passt, kann die Geschichte und ein entsprechendes History Marketing das erforderliche Vertrauen bei neuen Zielgruppen herstellen. So war es interessant, dass *Porsche,* als klassischer Sportwagenhersteller, vor der Einführung seines Geländewagens *Cayenne* seine Erfahrungen bei verschiedenen Rallyes in den 1960er/1970er Jahren betonte, um damit die zunächst überraschende Produktion des *Cayenne* in eine Tradition einzubinden. Bei verschiedenen ostdeutschen Marken ist die **Betonung der Geschichte ein ganz wesentlicher Aspekt des Markenaufbaus** geworden, um in Westdeutschland und anderen westlichen Märkten Vertrauen bei neuen Zielgruppen zu schaffen und den Nimbus der Ostmarke abzuschütteln. Marken mittelständischer Unternehmen wie *Florena Creme* oder *Rotkäppchen* kultivieren ihre Unternehmensgeschichten und sagen damit: Wir haben Pflegekompetenz seit über 150 Jahren beziehungsweise wir wissen seit 1846, was guten Sekt ausmacht.

Gibt es z.B. Probleme bei der internen Kommunikation und der Mitarbeitermotivation, kann ein Firmenjubiläum ein hervorragender Anlass sein, um diese Zielgruppe anzusprechen und zu sagen: »Wir sind stolz auf Sie und das Erreichte – machen wir weiter so!«

Diese kursorisch erzählten Beispiele stehen für den **multioptionalen Einsatz des History Marketing.** Es ist also per se kein zielgruppenspezifisches Instrument, das – um es überspitzt auszudrücken – nur bei nostalgisch gewordenen Rentnern wirkt. Je nach Anlass und Maßnahme können unterschiedliche Zielgruppen begeistert werden. Um die verschiedenen hier genannten Zielgruppen in ein Schema einzuordnen, sei auf klassische Zielgruppeneinteilungen verwiesen:

- Mitarbeiter (feste, freie)
- Kunden (Endverbraucher, Großkunden etc.)
- Geschäftspartner (Lieferanten, Dienstleister etc.)
- Medien
- Politik
- Öffentlichkeit (Anwohner, breite Öffentlichkeit, öffentliche Einrichtungen etc.)

Zusammenfassend gilt:

- History Marketing dient der Ansprache diverser interner und externer Zielgruppen
- History Marketing hat bei Stammkunden eine vertiefende Wirkung bzw. eignet sich bei vollkommener Unbekanntheit einer Marke zum Vertrauensaufbau
- Die Zielgruppe des History Marketing hängt grundsätzlich von den Kommunikationszielen eines Unternehmens, dem historischen Anlass und der Maßnahme ab

Was scheinbar gegen das History Marketing spricht

Zwei Aspekte gibt es, die auf den ersten Blick gegen den systematischen Einsatz von Geschichte im Marketing sprechen mögen. Zum einen sind da die schwarzen Flecken, die in der einen oder anderen Unternehmensgeschichte existieren und es schwierig machen, eine positive Tradition nach außen zu kommunizieren. Zum anderen ist die Frage zu beantworten, ob ein klarer Bezug auf die Vergangenheit nicht zum Innovationsblocker wird und das History Marketing nicht nur selbstzufriedene Nabelschau ist und zur Musealisierung beiträgt.

Zum ersten Problem: Ja, es gibt diese **schwarzen Flecken** in den deutschen, österreichischen und schweizerischen Unternehmensgeschichten vor allem, wenn es sich um Unternehmen handelt, die bereits vor 1945 existierten. In diesen Fällen besteht das Problem der Zwangsarbeiter, des Nazi-Golds oder der Diskriminierung jüdischer Mitarbeiter oder anderer Bevölkerungsgruppen im Dritten Reich, an der viele Unternehmen beteiligt waren. Unternehmen haben gerade in Bezug auf das Dritte Reich keine leichte Aufgabe, ihre Geschichte darzustellen.

Aber auch von Verstrickungen in der Zeit zwischen 1933 und 1945 abgesehen, gibt es Tatsachen, die zu einem schwarzen Fleck in der Geschichte werden: Pleiten, Mißerfolge, Unglücksfälle, kriminelle Machenschaften. Auch sie können Teil einer Unternehmensgeschichte werden und im negativen Sinne das Image eines Unternehmens belasten. Wie kann ein Unternehmen also mit den negativen Aspekten seiner Geschichte umgehen? Ausführlich wird darauf im zweiten Kapitel eingegangen.

Als Regel gilt jedoch: Nicht blocken und vertuschen! Der Imageschaden wird umso größer, je länger versucht wird, Geschichte totzuschweigen oder schönzufärben.

Selbstbewusst und unter voller Anerkennung seiner gesellschaftlichen Verantwortung **(Stichwort »corporate citizenship«)** muss das Unternehmen selber bei der Bewertung seiner Geschichte die führende Rolle spielen. Macht es das nicht, machen es andere, und die Schlagzeilen sind dann meistens nicht besonders schmeichelhaft. History Marketing wird in diesem Kontext zum Bestandteil einer präventiven Krisen-Kommunikation.

Zum zweiten Einwand gegen das History Marketing: **Geschichte als Innovationsblocker?** Ein Unternehmen wie die 1923 gegründete Preußische Bergwerks- und Hütten-Aktiengesellschaft *(Preussag AG)*, die seit Sommer 2002 als weltweit größter Touristikkonzern unter dem Namen *TUI AG* firmiert, wird sich heute mit seiner Vergangen-

heit schwer tun. Mit der *Preussag AG* verbindet sich ein Stück europä-
ischer Industriegeschichte. Nach dem Zweiten Weltkrieg galt das Unternehmen als Symbol für den Wiederaufbau und den Aufstieg der
Bundesrepublik zu einer führenden Industrienation. In den letzten
Jahrzehnten wendete sich das vormals grundstofforientierte Unternehmen zunehmend dem Wachstumsmarkt Touristik zu, der – ganz
offensichtlich – nicht im Geringsten etwas mit Bergwerken und Stahl-
hütten zu tun hat (außer, dass ein Urlaub am Mittelmeer ähnlich
schweißtreibend sein kann wie die Arbeit unter Tage).

In einem solchen Falle, den man als **unternehmenskulturellen
Erinnerungskonflikt** bezeichnen kann, sollte es Aufgabe der Unternehmen sein, bisherige Archivbestände auf jeden Fall zu sichern und
die »alte« Geschichte zu dokumentieren. Die *TUI AG* wird sich dann
auf andere Traditionen berufen müssen und die Geschichten der
übernommenen Tochterunternehmen aus der Touristikbranche aufarbeiten, was einen Teil des neuen **Identitätsfindungsprozesses**
ausmacht. So stößt man dann – wie es auch auf der Website der *TUI
AG* kommuniziert wird – auf touristische Wurzeln, die bis zum Jahr
1928 zurückgehen, als Hubert und Maria Tigges die *Dr. Tigges-Fahrten*
gründeten, ein Reiseveranstalter, dessen Programm auf das Kennenlernen von Land und Leuten ausgerichtet war und ist. Damit wird die
TUI AG durch die Historie der Firmentöchter zu einem Unternehmen
mit Touristikkompetenz, das bereits unseren Großeltern den Urlaub
organisiert und entscheidend zur Freizeit- und Urlaubskultur in unseren Breitengraden beigetragen hat.

Ein anderes Beispiel ist das der *Adam Opel AG*. Das Rüsselsheimer
Unternehmen fing 1867 als Nähmaschinenhersteller an, hatte dann
Erfolg mit der Fahrradherstellung, ehe 1899 mit der Produktion von
Automobilen begonnen wurde. Wie kann ein moderner Autohersteller
seine Wurzeln als erfolgreicher Nähmaschinenproduzent betonen?
Die Geschichte kann auch hier als verbindende Klammer nützlich
sein, wenn nicht die Produkte, sondern der Unternehmensgründer,
Adam Opel, als historische Figur und außerdem als Namensgeber he-
rausgestellt wird. Der Charakter Adam Opels, sein Erfinder- und Un-

ternehmergeist oder seine Rolle als einer der wichtigsten Pioniere der deutschen Industrialisierung ist dann durchaus ein Kapitel aus der Vergangenheit, auf das stolz geblickt werden kann und Außenstehende fasziniert.

Geschichte ist damit kein feststehendes Gebilde, sondern von der Fokussierung bestimmter Aspekte abhängig. So wird Geschichte im Laufe der Jahre immer wieder unterschiedlich bewertet. Dass Unternehmensgeschichte im ständigen Fluss ist, liegt an den gesellschaftlichen Entwicklungen und der permanenten Veränderung im Unternehmen selber. Die Geschichte der Unternehmen wird fortgeschrieben und täglich können neue Traditionen begründet werden. Historisch wird in diesem Sinne auch die Umbenennung der *Preussag AG* in die *TUI AG* im Jahre 2002 sein oder die Entscheidung der Familie Opel, 1899 in die Automobilproduktion einzusteigen und als einer der wichtigsten Vertreter der Branche die Idee der Automobilität in Deutschland voranzutreiben. 1899 war das noch ein Bruch mit der Tradition, heute ist es die Tradition von *Opel*. Diese Prozesse können vom History Marketing begleitet oder nachvollziehend für die aktuelle Kommunikationsarbeit dargestellt werden. Das History Marketing konserviert dabei keine überholten Images, sondern es kann kreativ eingesetzt zur Klammer zwischen Umbrüchen und Zäsuren werden und richtet den Blick nach vorne. Solange sich Unternehmen und Produktmarken nicht ausschließlich auf die Vergangenheit beziehen, ist ihr Erstarren und eine Musealisierung nicht zu befürchten.

Die schwarzen Flecken der Vergangenheit sind kein Grund, einer Kultivierung und Auseinandersetzung mit der Unternehmensgeschichte aus dem Weg zu gehen.

Wer seine Unternehmensgeschichte nicht selbst in die Hand nimmt, überlässt sie anderen.

Das History Marketing konserviert keine überholten Images, sondern berücksichtigt die aktuelle Unternehmens- und Markenpolitik.

→ History Marketing – 15 gute Gründe

- Ohne Vergangenheit keine Zukunft.
- Wer seine eigene Geschichte nicht schreibt, überlässt sie anderen.
- Ein Unternehmen ist eine historisch gewachsene Organisation. Um sie und ihre Kultur zu verstehen, muss man ihre Entwicklungsgeschichte kennen.
- Erfahrung und Tradition sind wichtige Unternehmenswerte, die durch das History Marketing kultiviert werden.
- History Marketing bietet neue Anlässe und Instrumente der Unternehmenskommunikation.
- Mit dem History Marketing positioniert sich ein Unternehmen als verantwortungsvoller, kulturbedachter »corporate citizen«.
- Das History Marketing ist Teil eines »culture value«, das gleichberechtigt neben dem »shareholder value« steht.
- Traditionen ändern sich, Unternehmen und Marken entwickeln sich fort – History Marketing konserviert keine überholten Images, sondern es kann kreativ eingesetzt zur Klammer zwischen Umbrüchen und Zäsuren werden und richtet den Blick nach vorne.
- Jedes Unternehmen hat und macht Geschichte, deshalb: History Marketing eignet sich für jedes Unternehmen, jede Institution jeder Größe egal, welcher Branche.
- History Marketing ist Bestandteil eines ausgewogenen Marketing-Mix.
- History Marketing dient der Vertiefung der Unternehmenskultur und des Markenbilds.
- Starke Unternehmen und Marken sind Unternehmen und Marken mit Tradition.
- Die Geschichte eines Unternehmens ist in der Öffentlichkeit eine der wichtigsten Ressourcen des Unternehmens-/Markenbildes.
- Die Geschichte eines Unternehmens ist ein Alleinstellungsmerkmal am Markt.
- Die Unternehmensgeschichtsschreibung ist eine Antwort auf die Verflüchtigung von Unternehmenskultur im Kontext zunehmender Globalisierung. Sie ist notwendiger Teil der Globalisierungskultur.

Interview: Dr. Harry Niemann (DaimlerChrysler Classic, Stuttgart)

Dr. Harry Niemann, Publizist und Sozialwissenschaftler, seit 1987 tätig als Journalist und Sachbuchautor, u.a. als Mitarbeiter bei der Frankfurter Allgemeinen Zeitung im Bereich Technik und Motor und dem Motorbuch Verlag Stuttgart. Seit 1989 Leiter des Historischen Archivs der Mercedes-Benz AG und seit März 2001 Leiter des Bereichs Unternehmensgeschichte und Konzernarchiv der DaimlerChrysler AG. Zahlreiche Publikationen, u.a. Biographien zu Belá Berényi, dem Nestor der passiven Fahrzeugsicherheit, Wilhelm Maybach und Karl Benz. Mitherausgeber der wissenschaftlichen Schriftenreihe des DaimlerChrysler Konzernarchivs. Er ist zudem seit 1998 Vorsitzender der Vereinigung deutscher Wirtschaftsarchivare e.V. und Mitglied des »Awards Advisory Panel« der Automotive Hall of Fame in Detroit.

Frage: Welche Rolle spielt Unternehmensgeschichte in der Außendarstellung eines Unternehmens?

Dr. Harry Niemann: Lassen Sie mich das einmal beispielhaft an unserem eigenen Unternehmen festmachen. Für DaimlerChrysler hat Geschichte immer einen hohen Stellenwert gehabt. Dies nicht nur weil Gottlieb Daimler und Karl Benz 1886 das Automobil erfunden haben, sondern weil das Unternehmen seither in der Geschichte des Automobils jede Epoche mitgestaltet und mitgeprägt hat. Seit den Anfängen wurde die eigene Tradition als Werbeinstrument angeführt. Geschichte ist auch immer ein Verkaufsargument, ein Beleg für die Wertigkeit eines Produkts. Beispielsweise werden neue Modellreihen auch immer in den historischen Kontext eingebaut. Auch in den Verkaufsinformationen ist meist ein historischer Vorspann eingebunden. Tradition geht aber über das Marketing hinaus, es ist ein Teil sozialer Verantwortung. Wie ein Staat, der auch nicht geschichtslos leben kann, muss auch ein Unternehmen wie die DaimlerChrysler AG sich aus seiner Unternehmenskultur und Geschichte heraus definieren können. Ich bin überzeugt, dass Sie diesen Anspruch ohne weiteres auf viele andere Unternehmen übertragen können und müssen.

Frage: Wenn Sie diesen Anspruch übertragen können und müssen, bleibt immer noch die Frage, ob die Entscheider im Unternehmen das auch wollen. Gibt es nicht ein Defizit des historischen Bewusstseins bei den jetzigen Führungseliten?

Dr. Harry Niemann: Allgemeine Aussagen zum historischen Bewusstsein der Wirtschaftseliten lassen sich schwer machen. Fest steht, dass es generell zu einer stärkeren Sensibilisierung gegenüber der Unternehmensgeschichte gekommen ist. Das hat nicht nur mit aktuellen öffentlichen Debatten zu tun, z.b. mit der Zwangsarbeiterdebatte. Das historische Bewusstsein ist auch eine Frage einer langfristig angelegten internen Öffentlichkeitsarbeit. Bei DaimlerChrysler hat das dazu geführt, dass das Thema Tradition im Bewusstsein der Mitarbeiter und in der Unternehmenskultur fest verankert ist. Damit Tradition zur Förderung des Unternehmenserfolges beitragen kann, muss sie durch ein entsprechendes unternehmenskulturorientiertes Führungsverhalten vorgelebt werden. Die Zahl der Anfragen nach historischer Information, die von Seiten der Konzerndirektion beispielsweise an das Konzernarchiv herangebracht werden, zeigen, dass eine hohe Sensibilisierung in Bezug auf die sachlich-inhaltliche Korrektheit von Aussagen besteht. Schließlich ist nichts schneller auf den Weg gebracht, als eine Publikation mit historischen Fehlern.

Frage: Wie hoch schätzen Sie das Interesse der Öffentlichkeit an Unternehmensgeschichte ein?

Dr. Harry Niemann: Das öffentliche Interesse hängt in hohem Maß davon ab, in welcher Art und Weise von Unternehmen, Produkt- und Unternehmensgeschichte dargestellt wird. Es gibt hier also verschiedene Faktoren, die berücksichtigt werden müssen, wenn man über den Aufmerksamkeitswert von Unternehmensgeschichte im Kontext des Marketing spricht. Grundsätzlich sollte man das öffentliche Interesse an Unternehmensgeschichte eher hoch schätzen. Einige konkrete Zahlen aus unserem Unternehmen können das beispielhaft belegen, auch wenn DaimlerChrysler nicht unbedingt der Normalfall ist. Die Zahl der internen und externen Publikationen, die allein über die Marke Mercedes-Benz erschienen ist, hat die 500er Marke bereits überschritten. Allein dies zeigt das breite Interesse an gut gemachter Unternehmens- und Produktgeschichte. Das DaimlerChrysler Konzernarchiv arbeitet bei Eigenproduktionen schon seit langer Zeit mit freien Verlagen zusammen, die z.T. sogar das wirtschaftliche Risiko einer Neupublikation alleine tragen. Dies wäre sicherlich nicht der Fall, wenn ein Absatzmarkt für diese Erzeugnisse (Bücher, CD-ROMs, Periodika etc.) nicht vorhanden wäre. Daneben zeigt die großen Anzahl der Fachanfragen von interessierten Privatleuten, dass ein großer Wissensdurst in Bezug auf die Historie des Unternehmens und seiner Produkte besteht. Ein weltweite Gemeinschaft von Mercedes-Benz Markenclubs mit über 130.000 Mitgliedern ist ein weiterer eindruckvoller Beleg für das vorhandene Enthusiastentum und Interesse. Die Ursache hierfür ist nicht zuletzt im Produkt Mercedes-Benz zu suchen, dass wie kaum ein anderes industrielles Erzeugnis emotionalisiert und fasziniert. Aber auch andere Unternehmen können beim zielgruppenspezifischen Einsatz ihrer Geschichte ihr Publikum finden.

Frage: Wie hoch schätzen Sie die Glaubwürdigkeit der von der Privatwirtschaft finanzierten Unternehmensgeschichte?

Dr. Harry Niemann: Wie bereits erwähnt, hat ein großes Unternehmen wie auch ein Staat die Verpflichtung, sich mit seiner Historie auseinanderzusetzen und Stellung zu beziehen. Zeitgeschichte stellt sich ja in jeder Dekade anders da. Unternehmensgeschichte, die ausschließlich pro domo geschrieben wird, hat daher keinen Bestand. Kurzfristig kann es gelingen, ein besseres Licht auf eine bestimmte Situation zu werfen, aber auf Dauer reizt es nur zum Widerspruch. Der Firmenhistoriker ist ja, wie der Arzt in erster Linie dem Menschen verpflichtet ist, der Sache an sich verpflichtet und nicht irgendwelchen Interessen. Er kann nicht Geschichte machen, nur weil es dem Unternehmen so besser gefällt. Wir haben dieses Thema immer als Teil sozialer Verantwortung verstanden, wie beispielsweise die Aufarbeitung der NS-Jahre zeigt.

Frage: Gibt es eigentlich eine unternehmensstrategische Funktion der Unternehmensgeschichte außerhalb der Kommunikationsarbeit?

Dr. Harry Niemann: Der Traditionsfaktor ist nicht mehr lediglich ergänzendes Instrument der Unternehmensführung, sondern er ist gerade im Automobilsektor ein Wettbewerbsfaktor erster Güte geworden. Die eigene Historie als Teil der Unternehmenskultur trägt wesentlich zur inneren Stabilität und zur langfristigen Absicherung strategischer Potentiale bei. Richtig eingesetzt kann Tradition als verstärkender Faktor bei der Strategiefindung wirken.

Frage: Ist die Beschäftigung mit Unternehmensgeschichte nur ein Luxus der Großunternehmen?

Dr. Harry Niemann: Die Einstellung der Industrie gegenüber ihrer eigenen Vergangenheit hat sich in den letzten 20 Jahren grundlegend geändert, wie die zahlreichen, mit Firmenunterstützung veröffentlichten Untersuchungen zu den dunklen Kapiteln von Unternehmenshistorien belegen. Hierbei haben sich auch gerade mittelständische Unternehmen z.T. sehr hervorgetan.

Bei kleineren und mittleren Unternehmen kann Tradition allerdings auch als eine sogar recht kostengünstige Form der PR benutzt werden. Es gibt ja Beispiele aus der Uhrenindustrie, wie längst verschwundene Marken mit Hilfe der Geschichte wieder reaktiviert wurden. Eine völlige Neuimplementierung einer Marke kommt da ungleich teurer. Mit der Historie kauft der Kunde zudem Emotion und Persönlichkeit – Werte die vor allem für den Erfolg von Hochpreisprodukten entscheidend sein können.

Interview: Stefan Hansen (Dorland Werbeagentur, Berlin)

 Stefan Hansen ist geschäftsführender Gesellschafter der Berliner Werbeagentur Dorland (→ www.dorland. de), die mit ihrer 120-jährigen Geschichte weltweit eine der ältesten Werbeagenturen ist. 1883 in den USA gegründet, führte Dorland seit 1928 in Deutschland das Prinzip der Werbeagentur ein und bestimmte die Entwicklung der Branche maßgeblich. Heute beschäftigt Dorland mit Sitz in Berlin international mehr als 400 Mitarbeiter.

Frage: Geschichte und Werbung sind zwei Begriffe, die man zunächst nicht miteinander verbindet. Dennoch: Kann man mit Geschichte Werbung machen oder ist die Vergangenheit für einen Werber »uncool«?

Stefan Hansen: Die zwei Begriffe widersprechen sich erst einmal nicht. Unternehmens- oder Produktgeschichte ist nicht per se »uncool«. Nehmen Sie z.B. ein ausgesprochenes Lifestyleprodukt wie Coca-Cola, da funktioniert das hervorragend. Es gibt in Atlanta ein Coca-Cola-Museum oder im Bonner Haus der Geschichte gab es 2002 eine erfolgreiche Coca-Cola-Ausstellung, die das Unternehmen und das Produkt als Teil unserer Alltagskultur dargestellt hat und positive Reaktionen hervorgerufen hat. Die Frage ist also vielmehr: Wenn man Unternehmens- oder Produktgeschichte nutzt, wie setze ich das so um, dass es für meine Zielgruppen eine Relevanz besitzt. Geschichte beim Marketing zu nutzen ist also nicht »uncool«. Es gibt höchstens schlechte Ideen und eine schlechte Exekution dieser Ideen. Der größte Fehler, den man in diesem Zusammenhang machen kann, ist, Geschichte einfach nur für sich stehen zu lassen. Für manche Hobbyhistoriker mag es interessant sein, dass ein Unternehmen im 19. Jahrhundert gegründet wurde oder dass ein Produkt seit 100 Jahren auf dem Markt ist. Sinnlos ist es also z.b., auf ein Produkt – nehmen wir Kekse – zu schreiben, dass es das »seit 1888« gibt. Also der alleinige Verweis auf das Alter eines Produkts hat keine Relevanz für die Verbraucher und bringt keinen Mehrwert. Entscheidender sind Aspekte wie Produktconvenience oder der Preis.

Frage: Das hört sich insgesamt eher kritisch an, oder?

Stefan Hansen: Nein, nicht grundsätzlich. Nur: Zu sagen, dass es etwas seit 100 Jahren gibt, ist nicht ausreichend und muss mit weiteren Botschaften aufgeladen werden. Und unter Umständen werden bei der zu starken Betonung der Produktgeschichte sogar Werte kultiviert, die vielleicht bei Ihrer Großmutter angesagt waren. Das lässt ein Produkt dann im wahrsten Sinne des Wortes alt erscheinen und engt den Kreis der Adressaten ein. Geschichte muss insofern immer einen Bezug zur Gegenwart haben und ist nun einmal auch sehr trendabhängig. Trend ist beispielsweise die Retrokultur, die man seit vielen Jahren immer wieder beobachten kann. Das beste Beispiel dafür ist vielleicht der Käfer von Volkswagen. Das Auto ist Legende. Nur wie bei jedem Produkt war der Käfer irgendwann nicht mehr »state of the art«. Der Lebenszyklus war vorbei und der VW Golf wurde erfolgreich in den 1970ern eingeführt. Die Legende des Käfer lebte trotzdem fort und mit dem New Beetle hat man eine beeindruckende Reaktivierung eines Produkts geschafft, das bereits Geschichte war. Voraussetzung dafür war natürlich eine grundlegende Modernisierung und die Anpassung an heutige Bedürfnisse. Ähnlich sieht es mit dem Mini von BMW aus oder der Zigarettenmarke Lucky Strike.

Frage: Was halten Sie aber dann von einem Produkt wie Werthers Echte? Das Bonbon wird seit Jahrzehnten konstant mit den Argumenten beworben, dass man auf eine lange Tradition zurückblickt und dass – wie man es auch in der Werbung sieht – die Großeltern ihren Enkeln die Werthers Echte schenken.

Stefan Hansen: Die Werbung von Werthers Echte ist ein interessantes Beispiel. Zum einen wird wirklich seit Jahren konsistent mit dem gleichen Ansatz Werbung gemacht. Andererseits kann das auch nur deshalb aufrechterhalten werden, weil es nicht alle anderen Bonbonhersteller genauso tun. Insofern ist die Werbung mit der Tradition ein funktionierendes Alleinstellungsmerkmal in diesem Fall. Allerdings wird nicht nur mit Tradition an sich und der Beliebtheit des Bonbons über Generationen gespielt. In der Werthers-Echte-Werbung werden ja noch ganz andere Botschaften vermittelt. Tradition wird da ganz klar kommuniziert als etwas, das mit Gemütlichkeit, Muße, Qualität und dem Besonderen zu tun hat. Und in dieser Verbindung erhält die Produktgeschichte eine Aussage, die für heutige Konsumenten eine Bedeutung hat.

Frage: Im »Volksmund« heißt es immer wieder »Erfahrung macht den Meister« oder »Tradition verpflichtet«. Stimmt die Feststellung, dass solche Aussagen und »alte Werte« insbesondere nach dem schnell verflogenen Internethype eine größere Anziehung besitzen als jemals zuvor?

Stefan Hansen: Im Großen und Ganzen stimmt das. Gerade in Zeiten der Krise bezieht man sich verstärkt auf Bewährtes, was dann einen besonderen Reiz versprüht. Wir haben unsere eigenen Erfahrungen mit der Marke »Dorland« damit gemacht. Während des Internethypes sahen uns einige in der Branche als etwas altbacken an, weil wir – aus guten Gründen – in den Start-ups der 1990er Jahre nicht die Basis einer kommenden virtuellen Wirtschaft sahen und dazu ein Unternehmen mit einer 120-jährigen Tradition sind. Wir haben nur relativ wenige Start-ups als Kunden gehabt. Jetzt zeigt sich, dass unsere Strategie, nicht jede Mode mitzumachen, aufgeht. Wir waren nur wenig vom Zusammenbruch des Neuen Markts betroffen. Das hat uns auch als Arbeitgeber interessanter als andere gemacht. Jetzt bekommen wir so viele Bewerbungen, dass wir uns kaum davor retten können. Die Leute wollen für uns arbeiten, weil sie wissen, dass sie nicht morgen schon wieder auf der Straße stehen. Hier wird deutlich, dass Unternehmensgeschichte gerade auch bei der internen Kommunikation eine große Rolle für die Mitarbeiterbindung spielt. Es gibt kein Unternehmen, das seine Geschichte nicht für solche Zwecke einsetzen sollte, weil Unternehmensgeschichte Vertrauen stiftet. Übrigens muss Geschichte nicht heißen, als Unternehmen mindestens 100 Jahre alt zu sein. Auch ganz junge Unternehmen haben ihre Historie, die am Anfang erst einmal die Historie der Firmengründer ist. Ein junger Firmengründer wird auf seine Vita, seine Ausbildung und seine Erfahrungen hinweisen, um zu verargumentieren, dass er das kann, was er anbietet.

Frage: Gibt es Branchen, in denen Geschichte und Tradition eine größere Rolle spielen als anderswo?

Stefan Hansen: Ja, gerade bei Produzenten von langlebigen und hochwertigen Produkten spielt Tradition und Zuverlässigkeit eine große Rolle. Das hat unter anderem auch mit ganz praktischen Dingen zu tun: Wer würde z.B. ein No-Name-Auto kaufen, bei dem man nicht weiß, ob es morgen noch Ersatzteile gibt? Wenn ich also einen Mercedes kaufe, habe ich das Vertrauen, dass man auch noch in zehn oder 20 Jahren einen neuen Kotflügel bekommt, weil die Erfahrung der letzten Jahrzehnte dafür spricht. Bei den so genannten »fast moving consuming goods« ist das irrelevant. Da zählt eher der Spaßfaktor. Es gibt andere Branchen, in denen der Konsument seine Kaufentscheidungen absolut von der Solidität, Zuverlässigkeit und Tradition eines Unternehmens abhängig macht. Beispielsweise bei Banken und Versicherungen. Geld ist schließlich Vertrauenssache und Vertrauen schafft man nicht über Nacht. Insgesamt ist das History Marketing aber für jedes Unternehmen interessant. Durch die Geschichte unterscheiden sich schließlich relevante Unternehmen, die den Markt gestalten und etwas erreicht haben, und irrelevante Unternehmen, die keinen bleibenden Eindruck hinterlassen, also keine Geschichte schreiben. Seine Errungenschaften als Unternehmen zu dokumentieren, ist auf alle Fälle eine sinnvolle Angelegenheit – sofern es etwas zum Dokumentieren gibt.

→ 2. Geschichte als kritischer Faktor der Unternehmenskommunikation

Die Relevanz von Unternehmensgeschichte wird durch einen anderen Blickwinkel sehr deutlich. Geschichte kann zum **Anlass der Krisenkommunikation** im Unternehmen werden. Dieser Aspekt wird in diesem Kapitel ausführlich besprochen.

Die Geschichtsfalle lauert

Die Tatsache, dass Unternehmen Geschichte haben und sich mit dieser Geschichte auseinander setzen müssen, ist in den 1990er Jahren in Deutschland, Österreich und der Schweiz schlagartig wieder ins Bewusstsein geraten. Eine Klagewelle von ehemaligen Zwangsarbeitern und Verfolgten des NS-Regimes zwang die Unternehmen, sich ihrer Geschichte aufs Neue zu stellen. Fast schockartig reagierte die deutsche Wirtschaft im Falle der Zwangsarbeiterdebatte und erster Klagen und es dauerte Jahre, bis sich ein breiter Konsens gebildet hatte, die Rolle in der Vergangenheit anzuerkennen. Ein Prozess, der eine historische Bewusstwerdung war.

Das Ergebnis dieses Prozesses war die Feststellung, dass es ein kollektives Gedächtnis in unserer Gesellschaft, Chronisten und Beobachter außerhalb der Unternehmen genauso wie Nutznießer und Betroffene des Handelns der Unternehmen gibt. Kurzum: **Es gibt eine Öffentlichkeit für die Geschichten der Unternehmen.** Man kann versuchen, diese Öffentlichkeit zu beeinflussen, Vergangenes durch angestrengte PR glätten und mit neuen Life-Style-Kampagnen überschreiben. Doch die Geschichte wird dadurch nicht aufhören zu existieren. Genauso wie sie positiv für die Unternehmenskommunikation eingesetzt werden kann, kann sie sich zur tickenden Zeitbombe entwickeln.

Je länger das Gedächtnis eines Unternehmens unprofessionell gemanagt und die Geschichte wie im Falle der Zwangsarbeiterfrage verschleiert oder ignoriert wird, desto größer ist der materielle Schaden und vor allem der Imageverlust. Schnell haben sich dann negative Bilder über Manager und Unternehmen gebildet, die sich nur mühsam wieder ändern lassen. Vertrauen und Glaubwürdigkeit werden über Jahre in Mitleidenschaft gezogen.

Dieser häufige und nicht nur im Zusammenhang mit den Nazi-Verbrechen zu beobachtende Verdrängungsprozess soll hier als »Geschichtsfalle« bezeichnet werden. Die Geschichtsfalle beginnt allgemein mit der Vertuschung oder schlichten Ignoranz von Vorkommnissen in der Vergangenheit (das können im Extremfall Verbrechen gegen die Menschenrechte im Dritten Reich sein, aber z.b. auch die Mitverantwortung für Umweltkatastrophen). Je länger diese Vertuschung betrieben wird, desto lauter ist der Knall bei der Aufdeckung und desto eher wird die Geschichte zum Anlass von Krisenkommunikation.

In einschlägigen Fachbüchern zur Krisenkommunikation wird eine Krise immer wieder als unerwarteter Anlass beschrieben, der kurzfristige Entscheidungen und Handlungen erzwingt. Um methodisch handeln zu können, sollten Unternehmen potentielle Krisenanlässe analysieren und mögliche Strategien und Maßnahmen in einem Krisenplan festlegen. Diesem Plan gehen so genannte **Risiko-Audits** oder **Schwachstellen-Analysen** voraus. Findet das nicht statt, wird Krisenkommunikation ein hektisches Unterfangen. Wichtig ist also, präventiv zu agieren.

Das heißt im Hinblick auf Geschichte: Wenn es kritische Punkte in der Vergangenheit gab, meide die Geschichtsfalle, kommuniziere offen und direkt und bestimme die Diskussion von Anfang an mit. Tut man das nicht, machen es andere.

Die folgenden Abschnitte gehen zunächst auf zwei prominente Fälle ein, in denen Geschichte als entscheidender Imagefaktor im negativen Sinne gewirkt hat: Zum einen die Zwangsarbeiterfrage in

Deutschland, von der im Grunde alle deutschen Unternehmen im produzierenden Gewerbe, aber auch Verbände, Kirchen, selbst kleine Stadttheater betroffen waren. Im Falle der deutschen Zwangsarbeiterdiskussion wird das Beispiel der *Volkswagen AG* genauer besprochen, weil *VW* sich in dieser Frage vorbildlich verhalten und vorgemacht hat, wie die Verbrechen im Dritten Reich konstruktiv aufgearbeitet werden können.

In einem zweiten Fallbeispiel wird auf die Kommunikationsstrategien der Schweizer Banken und der Nationalbank in der Diskussion über herrenlose Vermögenswerte und das so genannte Nazi-Gold eingegangen. Am Beispiel der *Credit Suisse Group* werden die Strategien im Umgang mit dieser heftigen und international ausgetragenen Debatte aufgezeigt.

Damit deutlich wird, dass die Geschichtsfalle prinzipiell jedem Unternehmen drohen kann, wird das Beispiel der Ölfirma *Exxon* und der Untergang des Tankerschiffes *Exxon Valdez* im Jahre 1989 besprochen. Die aus dem Tankerunglück resultierende Umweltkatastrophe hat sich bis heute im globalen historischen Gedächtnis verewigt.

Die Zwangsarbeiterfrage in Deutschland als kommunikativer Super-Gau für Unternehmen

Die Zwangsarbeiterfrage war von 1998 bis 2001 eine der zentralen Diskussionen in Deutschland mit verschiedenen Akteuren. Die Unternehmen vermittelten nicht immer den Eindruck, aktiv am Lösungsprozess beteiligt zu sein und wirkten manchmal wie mit dem Rücken an die Wand gestellt. Von souveräner Selbstdarstellung kann hier keine Rede sein.

Um deutlich zu machen, worum es geht: Im Zweiten Weltkrieg sind Millionen von Menschen in den vom NS-Regime besetzten Ländern zu Zwangsarbeit in der deutschen Industrie und Landwirtschaft verpflichtet worden. Die Zwangsarbeiter ersetzten deutsche Arbeitskräfte, die zur Wehrmacht eingezogen worden waren. Außerdem wurden Hunderttausende Juden in den Gettos und Vernichtungslagern in Osteuropa zur Sklavenarbeit bis zum Tode gezwungen.

Im September 1944 waren 7,5 Millionen Fremdarbeiter und Kriegsgefangene in Deutschland im Arbeitseinsatz – davon allein 2,8 Millionen aus der Sowjetunion und 1,5 Millionen aus Polen. Die meisten anderen stammten aus Frankreich, Belgien, den Niederlanden und der Tschechoslowakei. In Polen wurden ab 1939 auch jüdische Männer, Frauen und Kinder ab dem zwölften Lebensjahr von der SS zur Sklavenarbeit herangezogen. In den Gettos wurden dafür Werkstätten eingerichtet, die von deutschen Unternehmen betrieben wurden. Ende 1940 leisteten z.B. 700.000 Juden in Polen Zwangsarbeit. Die Zahl sank mit dem Fortschreiten der Massenmorde. In Auschwitz und anderen Lagern wurden Juden vor ihrer Ermordung noch als Arbeitssklaven an deutsche Fabriken verliehen, den Lohn kassierten die Nazis.

Die alte Bundesrepublik entschädigte ehemalige Zwangsarbeiter zwar auf Grundlage mehrerer Gesetze. So wurden allein nach dem Bundesentschädigungsgesetz für Opfer der NS-Verfolgung mehr als 72 Milliarden DM ausbezahlt. Andere erhielten Zahlungen nach dem allgemeinen Kriegsfolgengesetz. Die meisten osteuropäischen Opfer waren hierbei jedoch durch die allgemeine weltpolitische Lage (Kalter Krieg) von Entschädigungen ausgeschlossen. Erst auf Grund von Wiedergutmachungsverträgen mit Polen, Russland, Weißrussland und der Ukraine nach der Wende 1989/90 wurden in diesen Ländern Stiftungen eingerichtet, in die die Bundesrepublik Deutschland knapp bemessene 1,5 Milliarden DM einzahlte.

Seit 1998 erhoben ehemalige Zwangsarbeiter und Opferverbände vor allem in den USA erneut Entschädigungsansprüche gegen die Rechtsnachfolger der Firmen. In den USA wurden dazu zahlreiche Sammelklagen eingereicht. Wirtschaftsboykotte sowie Milliardenzahlungen für die heute in Mittel- und Osteuropa schätzungsweise 600.000 bis 800.000 lebenden ehemaligen Zwangsarbeiter (in den USA sind es 80.000 bis 130.000) wurden gefordert. Nach zähen Verhandlungen einigte man sich schließlich auf einen Entschädigungsfonds im Umfang von zehn Milliarden DM (ca. fünf Milliarden Euro), die je zur Hälfte von der Bundesregierung und der deutschen Wirtschaft aufgebracht werden sollen. Im Gegenzug verlangten die Unternehmen Rechtssicherheit vor weiteren Klagen in den USA. Nachdem Mitte Juni 2000 in der Frage der Rechtssicherheit ein Durchbruch erzielt worden war, war der Weg frei für eine Billigung der geplanten Stiftung zur Zwangsarbeiterentschädigung im Bundestag und Bundesrat.

Allein die Tatsache, dass über zwei Jahre in der Frage der Entschädigung für Zwangsarbeiter verhandelt wurde, macht deutlich, dass die Reaktionen der deutschen Unternehmen nicht so aussahen, dass man sich umgehend seiner Verantwortung stellen wollte. Die Medien prangerten folglich immer wieder den Widerstand deutscher Unternehmen gegen Entschädigungszahlungen an. Als Ende 1998 erstmals ein Entschädigungsfonds öffentlich diskutiert wurde, erklärten sich gerade einmal 17 Unternehmen bereit, darin einzuzahlen (u.a. *Deutsche Bank, Dresdner Bank, Degussa, Volkswagen, Daimler-Benz, BMW, Thyssen-Krupp, Siemens, Allianz, Bayer, BASF, Hoechst*). Als die Verhandlungen und die abwehrende Haltung der deutschen Unternehmen andauerten, wurden die Kommentare in der Presse zunehmend kritisch. Die Süddeutsche Zeitung titelte im Februar 1999: »Die Profiteure am großen Nazi-Raubzug. Die meisten deutschen Firmen verschleiern noch ihre Verstrickungen in den Unrechtsstaat.« Die Medien forderten unisono, dass die Zeit der Ausflüchte und des »Zwangsarbeiter-Entschädigungs-Mikado« vorbei sein müsse. Auch untersuchte die Presse viele der betroffenen Unternehmen und nahm u.a. deren Jubiläumsschriften ins Visier, die als Visitenkarten des historischen Un-Bewusstseins in den Unternehmen herhielten. So zitierte der Tagesspiegel aus der Festschrift der *Deutschen Bank* von 1995, in der zu viele kritische Punkte der Unternehmensgeschichte unbeleuchtet geblieben waren. Eine Tatsache, die die Zeitung verleitete, dem Unternehmen eine verlogene Geschichtsaufarbeitung und kurzsichtige PR-Strategien vorzuwerfen.

Insbesondere kleine und mittlere Unternehmen bzw. Unternehmen, die von einem Boykott ihrer Produkte in den USA nicht betroffen gewesen wären, weigerten sich viel zu lange, ihre Verantwortung wahrzunehmen. Und so folgten über weitere Monate die negativen Schlagzeilen. Listen widerwilliger Unternehmen wurden ins Netz gestellt und Opferverbände gingen regelmäßig an die Öffentlichkeit und prangerten Deutschland sowie die deutschen Unternehmen an. Die Headlines in den Zeitungen blieben weiter negativ: »Erst mal abwarten, ist die Devise«; »Flucht in die Kleinherzigkeit«; »Peinlicher Wettlauf um die Zeit«. Die Liste negativer Schlagzeilen ließe sich beliebig fortsetzen.

Erst allmählich, im Laufe des Jahres 1999, konnte man anhand von Verlautbarungen der Unternehmen, die eins ums andere von den Medien vorgeknöpft wurden, nachvollziehen, dass sich neue Strategien im Umgang mit der Zwangsarbeiterfrage entwickelten. Zunehmend machten Begriffe wie historische Verantwortung und Aufarbeitung der Geschichte die Runde. Deutlich wird dieser **positive Lernprozess** mit der Abschlusserklärung von Dr. Manfred Gentz *(DaimlerChrysler)* für die deutsche Wirtschaft aus Anlass der Gründung der Stiftung »Erinnerung, Verantwortung und Zukunft« am 17. Juli 2000:

»[...] vor rund 2 Jahren wurden zwischen einigen wenigen deutschen Unternehmen Gespräche aufgenommen, die darauf zielten, ein sichtbares Zeichen der Anerkennung unserer historischen Verantwortung zu setzen und überlebenden Opfern des nationalsozialistischen Regimes zu helfen. [...] Es war ein großer Zeit- und Kraftaufwand erforderlich, mehr, als alle in die Verhandlungen einbezogenen Parteien vorhergesehen hatten. Aber diese Anstrengungen haben sich gelohnt. [...] Wir hatten uns zum Ziel gesetzt, unsere historische Verantwortung sichtbar anzuerkennen, als deutsche Wirtschaft insgesamt, auch und wenn es gerade nicht um individuelle Schuld, die Schuld einzelner Unternehmen, im juristischen Sinne geht; heute noch lebenden Opfern des Nationalsozialismus so rasch wie möglich zu helfen; alle noch nicht ausreichend bedachten Fälle nationalsozialistischen Unrechts einzubeziehen, in die deutsche Unternehmen eingebunden gewesen sein könnten; einen Zukunftsfonds einzurichten, der durch Projekte gegen Menschenrechtsverletzungen und Missbrauch von fundamentalen Rechten von Einzelnen und von Gruppen sensibilisiert, der also vorbeugend tätig werden soll; und schließlich Rechtsfrieden für deutsche Unternehmen herbeizuführen und insoweit juristisch den Streit um die Justizierbarkeit und die rechtliche Verantwortung zu beenden. Die Befriedung im rechtlichen Bereich vermindert nicht unsere historische Verantwortung. Sie bleibt erhalten, ja sie bekommt eher noch größeres, auch sichtbares Gewicht, wenn die rechtliche Auseinandersetzung mit vielen formalen, juristisch unvermeidlichen Argumenten von allen Seiten abgeschlossen ist. Denn die juristische Auseinandersetzung vermag noch weniger als die moralische den Leiden der Opfer gerecht zu werden.«

Was hier als Abschlusserklärung gesehen wurde, ist noch lange kein Abschluss. Es ist eher der Aufruf, die Konsequenzen aus den vorhergegangenen Debatten zu ziehen und in Zukunft Unternehmensgeschichte und auch die Aufarbeitung der »schwarzen Flecken« dieser Geschichte anzupacken.

Volkswagen und die Zwangsarbeiterfrage
Ein Unternehmen wie *Volkswagen* hat das wesentlich früher gesehen. Bereits in den 1980er Jahren nahm der Konzern die in den 1970er Jahren begonnene gesellschaftliche Diskussion auf, die es für unverzichtbar hielt, sich der Aufarbeitung der Geschichte der NS-Zeit zu stellen. Namentlich die Arbeitnehmervertretung mit dem damaligen Gesamt- und Konzernbetriebsratsvorsitzenden Walter Hiller brachte dieses Thema immer wieder auf die Tagesordnung, forderte und setzte Zeichen gegen das Verdrängen. Aufklärung, Begegnung, Erinnerung, Versöhnungsversuche sowie humanitäre Hilfe wurden seither zu den Elementen des Umgangs mit der eigenen Geschichte. In einer Presseerklärung aus dem Jahr 1986 hieß es:

»Die Zeit der nationalsozialistischen Gewaltherrschaft hat für Millionen unschuldiger Menschen unsägliches Leid gebracht. Wie in vielen anderen auf die Kriegswirtschaft umgestellten Industrieunternehmen sind nicht zuletzt im Volkswagenwerk Zwangsarbeiter unter unmenschlichen Bedingungen eingesetzt worden. Viele haben ihr Leben verloren oder ihre Gesundheit eingebüßt. Vorstand, Betriebsrat und Belegschaft der Volkswagen AG betrachten es als Verpflichtung, dazu beizutragen, daß nie wieder Unrecht und Gewalt, Rassenhaß und Volksverhetzung an die Stelle von Recht und Frieden treten. Insbesondere muß alles getan werden, um zu verhindern, daß Arbeitnehmer einer allen Grundsätzen der Menschenwürde widersprechenden Behandlung ausgesetzt werden.«

Die Initiative für diesen offensiven Schritt von VW entstand im Zusammenhang mit den Überlegungen, wie das Unternehmen mit seiner Geschichte im Hinblick auf das 50-jährige Jubiläum im Jahre 1988 umgehen solle. Teil der Überlegungen war, eine wissenschaftliche Studie zur Zwangsarbeit im damaligen Volkswagenwerk durch einen unabhängigen Zeithistoriker schreiben zu lassen, wofür Prof. Hans Mommsen und Manfred Grieger gewonnen wurden, die ihre Arbeit 1996 unter dem Titel veröffentlichten »Das Volkswagenwerk und seine Arbeiter im Dritten Reich«. In der unternehmenshistorischen Forschung stellte diese Studie Neuland dar. Kein anderes Unternehmen hatte sich bis dahin einer so umfassenden wissenschaftlichen Aufarbeitung seiner Geschichte in der NS-Zeit gestellt. Neben der wissenschaftlichen Aufarbeitung initiierte VW weitere Projekte, die unmittelbar im Zusammenhang mit seiner Vergangenheit standen. Zeitgleich mit der Beauftragung von Prof. Mommsen 1986 begann VW mit dem Aufbau internationaler Jugendbegegnungen in den Ländern Mittel- und Osteuropas, in denen die ehemaligen Zwangsarbeiter der damaligen Volkswagen-Gesellschaft leben. VW ermöglichte Auszubildenden regelmäßig den Besuch der Begegnungsstätte in Auschwitz/Polen. Die Begegnungsstätte selber unterstütze VW mit großzügigen Spenden von knapp einer Million Mark. Daneben wurden Ausstellungen in den deutschen VW-Werken unter dem Titel »Mit der Geschichte leben – Zukunft partnerschaftlich gestalten« organisiert, ein Gedenkstein für die Zwangsarbeiter auf dem Firmengelände in Wolfsburg errichtet sowie eine Erinnerungs- und Dokumentationsstätte im Volkswagenwerk geschaffen. Dieser Gedächtnisort in Wolfsburg orientiert sich an vergleichbaren internationalen Einrichtungen und stellt ein Element der Geschichtsbewahrung dar, das in die aktuelle Unternehmenskommunikation einbezogen wird. Ergänzt werden die erwähnten Maßnahmen durch Begegnungen mit ehemaligen Zwangsarbeitern, die *VW* nach Wolfsburg einlud. Bis heute pflegt das Unternehmen die Kontakte zu diesen Menschen.

Aus dieser nun eigenen über 20-jährigen Aufarbeitungsgeschichte wird verständlich, wieso VW 1998, als die Diskussionen um Zwangsarbeit in Deutschland erneut aufkamen, im Alleingang einen humanitären Fonds einrichtete. Bewusst wollte der Konzern nicht eine sich über Jahre hinziehende Diskussion abwarten. Der Schritt wurde im Allgemeinen positiv honoriert. »VW bringt den Stein ins Rollen« titulierte 1998 die Süddeutsche Zeitung. Oder die Westdeutsche Zeitung schrieb: »VW stellt sich seiner Geschichte«.

> *Es ist nicht das vordergründige Ziel, durch die Aufarbeitung der Unternehmensgeschichte ausschließlich an seinem Image zu arbeiten. Der Grund für die Aufarbeitung ist zuallererst ein moralisch-ethischer. Nichtsdestotrotz veranschaulicht das Beispiel von VW, dass der offensive Umgang mit Geschichte kein kommunikativer Bumerang ist.*

Interview: Dr. Manfred Grieger (Volkswagen AG, Wolfsburg)

Dr. Manfred Grieger, der 1996 an der Ruhr-Universität Bochum mit einer Studie zur Gründungsgeschichte des Volkswagenwerks promoviert wurde, kam 1998 nach verschiedenen Forschungsprojekten und einer zweijährigen Museumstätigkeit zur Volkswagen AG, um dort ein Unternehmensarchiv aufzubauen. Inzwischen ist er im Rahmen der Konzernkommunikation mit der Funktion »Historische Kommunikation« betraut, die neben der Wahrnehmung der fachlichen Sprecherfunktion die weitere Etablierung des Unternehmensarchivs und die Herausgabe der Schriftenreihe »Historische Notate/ Historical Notes« auch die Verwaltung des Humanitä-

ren Fonds der Volkswagen AG und die Betreuung der
»Erinnerungsstätte an die Zwangsarbeit auf dem Ge-
lände des Volkswagenwerks« einschließt. Dr. Grieger
wurde 2003 in die »Historische Kommission für Nie-
dersachsen und Bremen« berufen.

Frage: Die Zwangsarbeiterdebatte hat über lange Zeit noch einmal
die NS-Vergangenheit in das Bewusstsein vieler Menschen geholt.
Wieso glauben Sie, dass sich die deutsche Wirtschaft anfänglich mit
einer Lösung dieses Problems so schwer tat?

Dr. Manfred Grieger: Die deutsche Wirtschaft war vor allem Spiegel-
bild einer Gesellschaft, die über viele Jahre hinweg die Thematik,
mithin die Anwesenheit von wohl 10 Millionen Menschen und deren
rassistisch motivierte gestufte Ausgrenzung, ausgeblendet hat. Das
bleibt ein nicht wieder gut zu machendes Versäumnis der deutschen
Nachkriegsgesellschaften. Durch die öffentlichen Debatten sahen
sich Unternehmen bereits in den 1980er Jahren zu einer Auseinandersetzung mit dem Massenphänomen der Zwangsarbeit aufgefordert. Viele Unternehmen sind diesen gesellschaftlichen Erwartungen
nur zögerlich gefolgt; entweder weil keine rechtliche Verpflichtung
gesehen wurde, oder auch wegen der Rücksichtnahme auf die da-
mals Handelnden, die womöglich noch Ehrenvorsitzende des Auf-
sichtsrats waren. Andere Unternehmen brachten dagegen unabhängige Forschung auf den Weg. Beispielsweise gab die Volkswagen AG
bereits 1986 beim renommierten Bochumer Zeithistoriker Prof.
Dr. Hans Mommsen eine unternehmenshistorische Studie zu den
Zusammenhängen von Rüstungsproduktion und Zwangsarbeit in
Auftrag, die dann zum Standardwerk geriet. In dieser frühen Entscheidung von Vorstand und Arbeitnehmervertretung mischten sich
der politische Einfluss einer gewerkschaftlich orientierten Arbeit-
nehmervertetung und die proaktive Einsicht der Unternehmensleitung mit der gesellschaftlichen Diskursöffnung, die beispielsweise
die Rede des damaligen Bundespräsidenten Dr. Richard von Weizsä-
cker 1985 anlässlich des 40. Jahrestages der Kapitulation/der Befrei-

ung eingeleitet hatte. Dass eine Auseinandersetzung mit der Jahrzehnte zurückliegenden Zwangsarbeit womöglich mit finanziellen
Leistungen verbunden sein würde, hat die Wahrnehmung historischer Realität generell nicht eben erleichtert. Eine Akutfunktion von
Unternehmensleitungen ist bekanntlich, das Geld zusammen zu halten.

Frage: Welche Auswirkungen hat die Debatte auch zukünftig auf die
Unternehmenskultur deutscher Unternehmen? Hat Geschichte und
das historische Bewusstsein der deutschen Manager einen höheren
Stellenwert bekommen, der auch in der Zukunft anhalten wird?
Und: Was halten Sie in diesem Zusammenhang von dem Begriff ei-
nes »historical turns« in der Managementlehre?

Dr. Manfred Grieger: Vor dem Hintergrund, dass den Rechtsabtei-
lungen bei der Zwangsarbeitsthematik zum Prozess wurde, was als
historische Entwicklung vor längerer Zeit abgeschlossen war, dürfte
die funktionelle Sensibilität für »Altlasten« historischer Sachverhalte
gestiegen sein. Neben die Aufgaben, eine fachwissenschaftliche Ab-
klärung und angemessene historische Bewertung vorzunehmen, tritt
aber zunehmend auch, historisches Bewusstsein als Aktivposten in
die Unternehmenskommunikation einzubringen. Zumindest für
Volkswagen gilt, dass geschichtswissenschaftliche Kompetenz bei
der kommunikativen Gestaltung von Traditionslinien und bei öffentlichkeitswirksamen Re-Importen von historischen Themen unabläs-
sig sind. Die Geschichte des Unternehmens und seiner Produkte zu
einem Distinktionsmerkmal in der Markt- und Markenkonkurrenz
zu machen, erfordert Mehrfachqualifikationen. Wissenschaftliches
Renommee, mithin außerhalb des Unternehmens nach einer anderen Reputationsordnung durch historiographische Leistungen er-
worbenes Vertrauen, erleichtert bei wissenschaftsfundierten Geschichtsdarstellungen eine Glaubwürdigkeitskommunikation. Wer
Tatsachen verdreht, anstatt die Lernleistungen eines Unternehmens
aufzuzeigen, verschenkt die Möglichkeiten einer historischen Unternehmenskommunikation. Was die »turns« betrifft, so sind diese

nicht nur in der Managementtheorie dermaßen regelmäßig, dass mir bei historischer Betrachtung nur der Begriff der Zyklizität des Vergessens einfällt.

Frage: Welche kulturellen Veränderungen hat es in Ihrem Unternehmen durch die Zwangsarbeiterdebatte gegeben?

Dr. Manfred Grieger: Aus der Übernahme historischer Verantwortung hat sich bei Volkswagen über die Jahre eine betriebliche Erinnerungskultur ausgeprägt, die auf Wissenschaft basierende Erinnerungsformen an historischem Ort ebenso einschließt wie die Begegnung mit persönlich Betroffenen. VW-Auszubildende kommen bereits seit 1987 mit polnischen Jugendlichen in der »Internationalen Jugendbegegnungsstätte« in Auschwitz zusammen, um einander kennen zu lernen und um miteinander für den Erhalt der dortigen KZ-Gedenkstätte zu arbeiten. Volkswagen hat darüber hinaus 1998 einen Humanitären Fonds für ehemaligen Zwangsarbeiter eingerichtet, der der Bundesstiftung vorausging. Das Unternehmen wird in seiner Publizistik die Auseinandersetzung mit der Thematik, etwa durch die Edition von Erinnerungen polnischer oder jüdischer Betroffener, fortsetzen. Zugleich verweisen der Abschluss einer »Sozial-Charta« oder die intensive Nachhaltigkeitsdiskussion auf die Gegenwartsverantwortung des Unternehmens. Diese vielgestaltige Entwicklung ist keine kurzatmige Reaktion auf aktuelle Kontroversen, sondern ein eigenverantwortlicher Prozess eines zukunftsorientierten Unternehmens.

Die Schweizer Banken, das Nazi-Gold und herrenlose Vermögenswerte

Der Fall des so genannten Schweizer Nazi-Golds und der herrenlosen Vermögenswerte von Opfern der NS-Diktatur weist aus kommunikativer Sicht Parallelen zur Zwangsarbeiterdebatte auf. Nazi-Gold und der Umgang mit den herrenlosen Vermögenswerten wurden zu einem typischen Fall historisch bedingter Krisenkommunikation.

Um die Problematik deutlich zu machen: 1995 begann die Öffentlichkeit, die Rolle der Schweiz während der NS-Zeit neu zu bewerten. Die den Schweizern liebgewordene Position von wehrhafter Neutralität und moralischer Korrektheit gegenüber dem NS-Regime wurde in der Folge untergraben. Das allgemeine Fazit der Öffentlichkeit war, dass die Schweiz und die Schweizer Banken Nazi-Deutschlands Bankier und Finanzier waren und sich am Raubgold der Nationalsozialisten und dem Geld der Holocaust-Opfer bereichert haben.

Der Fall des Nazi-Golds und die Frage der herrenlosen Vermögenswerte von NS-Opfern muss zunächst voneinander unterschieden werden. Zum einen hatten die Nazis bei ihren Raubzügen durch ganz Europa neben Schmuck und Münzen auch Zahngold von Holocaust-Opfern zu Goldbarren geschmolzen und anschließend in die Schweiz geschafft. Zwischen 1939 und 1945 wurde das geplünderte Gold je nach Schätzung im Wert zwischen 300 bis 400 Millionen US-Dollar (heutiger Wert ca. 3 Milliarden Euro) der Schweizer Nationalbank übergeben, die ihrerseits in Schweizer Franken zurückzahlte und Hitler dadurch ermöglichte, mit einer neutralen, harten Währung kriegswichtige Waren und Rohstoffe im Ausland einzukaufen.

Die herrenlosen Vermögenswerte von Holocaust-Opfern, von denen Tausende existierten, waren im Gegensatz zum Nazi-Gold der Schweizer Nationalbank ein Problem der Schweizer Geschäftsbanken. Das 1934 geschaffene Schweizer Bankgeheimnis ermöglichte es vielen vermögenden Juden und anderen Verfolgten des NS-Regimes angesichts ihrer Bedrohung durch den Nationalsozialismus, anonym über einen Anwalt z.B. ein Nummernkonto oder Depot bei einer Schweizer Bank zu eröffnen, um ihr Vermögen in Sicherheit zu bringen. Viele Vermögen wurden so in die neutrale Schweiz transferiert, in der Hoffnung, das Geld vor dem Zugriff der Nazis zu schützen. In vielen Fällen wurden die Besitzer dieser Vermögenswerte Opfer des Holocaust. Überlebende Verwandte dieser Opfer wussten oftmals nichts von den Vermögenswerten. Der Vorwurf an die Schweizer Geschäftsbanken war dann der, nach dem Krieg keinerlei Anstrengungen unternommen zu haben, die Besitzer oder deren Nachfahren ausfindig zu machen und so von dem einbezahlten Geld zu profitieren. Erst als der öffentliche Protest und der Druck jüdischer Organisationen in den 1990er Jahren immer stärker wurde, entschieden sich die Banken schließlich über Anzeigen und andere Maßnahmen auf die besagten Vermögenswerte aufmerksam zu machen und den Opfern bzw. Nachfahren Zugang zu ihrem verloren geglaubten Vermögen zu verschaffen. Pauschale Entschädigungszahlungen folgten nach langen Verhandlungen mit jüdischen Interessenvertretungen. Zur Klärung der Frage des Nazi-Golds und den zweifelhaften Wirtschaftsbeziehungen der Nationalbank und der Schweizer Regierung zu Nazi-Deutschland wurde eine historische Kommission eingesetzt (**Bergier-Kommission**).

Die öffentliche Wirkung der Diskussion war für die gesamte Schweiz und verschiedene Schweizer Unternehmen verheerend. Über viele Jahre, von 1995 bis 2001, also bis zur Einigung über Entschädigungszahlungen, gab es fast wöchentlich negative Schlagzeilen auf der ganzen Welt, Boykottandrohungen oder sogar erste Maßnahmen gegen Schweizer Banken seitens einzelner US-Bundesstaaten. Immer wieder hieß es in der Presse: »Großbanken zahlen die Rechnung für historische Versäumnisse« oder »Die Last der Vergangenheit: Schweiz, ein Berg von Schuld«. Zusätzlich kamen Bücher auf den Markt, in denen die Schweizer Nationalbank und die Schweizer Geschäftsbanken angegriffen wurden.

Bedenklich waren die anfänglichen Reaktionen einiger angegriffener Banken, die lange auf Kosten ihres Images in der Geschichtsfalle zappelten, bevor sie sich zu konstruktiven Maßnahmen entschieden. So warfen die Schweizer Geschäftsbanken den jüdischen Interessenvereinigungen Erpressung vor oder bezweifelten den rechtlichen Anspruch auf Entschädigungszahlungen. Genau hier lag aber das Missverständnis gegenüber der Geschichte. Rechtlich konnten sich die Banken unter Umständen auf die Position zurückziehen, dass die Forderungen der NS-Opfer haltlos waren. Allerdings blieb damit

unberücksichtigt, dass ein Unternehmen im Sinne der eingangs erwähnten »corporate citizenship« auch ein moralischer Akteur in der
Gesellschaft ist. Sein Handeln lässt sich nicht immer nur in Produk-
tions- und Absatzzahlen sowie verrechtlichten Wirtschaftsbeziehungen fassen. Das gesamte Umfeld seines Handelns – und auch nicht
beabsichtigte, aber verursachte Folgen daraus – sollten stärker in den
Blickwinkel verantwortlicher, historisch bewusster Unternehmer rücken.

Aussagekräftig für den zähen Lernprozess, wenn auch nicht ver-
allgemeinerbar, war die Haltung der *Schweizer Bankgesellschaft*. Die
wollte nichts mit ihrer Vergangenheit zu tun haben und verstieg sich
dazu, ihre Geschichte zu manipulieren. Für einen Skandal sorgte der
Fall eines Sicherheitsmannes, der 1997 Zeuge der Vernichtung historischer Akten bei der *Schweizer Bankgesellschaft* wurde, aber einige
Dokumente aus den Jahren 1920-1940 retten konnte und sie bei der
Jüdischen Gemeinde in Zürich ablieferte, die sie an die Polizei weiter-
leitete. Die Akten- und Beweisvernichtung wurde so öffentlich. Die
Bank erstattete umgehend Anzeige gegen den Sicherheitsmann wegen Diebstahls, weshalb dieser in die USA ging und prompt ein Ar-
beitsvisum erhielt, bis er von dem Vorwurf des Diebstahls in der
Schweiz freigesprochen wurde. Auch diese Begebenheit war keine
imagefördernde Schlagzeile in der Weltpresse.

Das Beispiel zeigt, dass der historische Lernprozess viel zu lange
dauerte und die Mehrzahl der Banken die Problematik der Geschichtsfalle, in die sie getappt waren, nicht gesehen hatten. Der
Ausweg war auch hier die **konsequente Konfrontation und Aufarbeitung der Geschichte**. Erst dadurch konnten die großen Schweizer
Geschäftsbanken der Öffentlichkeit verständlich machen, dass sie die
historische Problematik und ihre eigene Rolle darin ernst nahmen.

Die Credit Suisse Group und ihr Umgang mit
herrenlosen Vermögenswerten

Die *Credit Suisse Group* zum Beispiel erkannte die geschilderte Problematik seit 1997 als ein **zentrales Problem** und begann große Anstrengungen anzustellen, um die Frage der herrenlosen Vermögen

sowie die Rolle des Bankplatzes Schweiz im Zweiten Weltkrieg aufzuarbeiten. Als erster Schritt wurde die Schaffung eines Archivs beschlossen. Zeitweise waren mehrere hundert Personen mit der Zen-
tralisierung, Inventarisierung und Erschließung des Zentralen Firmenarchivs und der Überprüfung der Aktenbestände beschäftigt. Zusammen mit anderen Schweizer Banken wurden weltweit die Namen von
Berechtigten an herrenlosen Vermögen publiziert. Auf Initiative von
Rainer E. Gut, damaliger Präsident des Verwaltungsrats der *Credit
Suisse Group*, schuf die Schweizer Wirtschaft einen humanitären Fonds,
der über die aufgeworfenen Fragen zum Verhalten der Schweiz während des Zweiten Weltkriegs hinausging. Am 30. Mai 1997 formulierte
Rainer E. Gut unmissverständlich:

»Wir haben die Dimension der ungelöst gebliebenen Fragen lange
nicht erkannt. Umso mehr fühlen wir, fühle ich mich persönlich
verpflichtet, sauberen Tisch zu machen [...] Wir sind nicht dafür verantwortlich, was unsere Vorgänger im Einzelnen getan oder unter-
lassen haben. Wir sollten auch nicht aus sicherer Warte mit unserem
heutigen Wissen richten. Aber wir haben zu verantworten, wie wir
heute mit der Geschichte umgehen. Wir sind bereit, und dafür stehe
ich persönlich ein, unsere Vergangenheit zu durchleuchten und die
Ergebnisse offenzulegen. Wenn wir entdecken, dass jemand durch
ungerechtfertigtes Verhalten zu Schaden gekommen ist, werden wir
selbstverständlich dafür aufkommen.«

Mit dieser Haltung ging die Bank schließlich in die Verhandlungen mit
den Anwälten der jüdischen Klägerschaft. Das Ergebnis war ein Vergleich, mit dem zum einen der unternehmerischen Verantwortung
Rechnung getragen wurde. Andererseits ermöglichte der Vergleich,
das Finanzgeschäft in den USA ohne ständige Boykottandrohungen
und Sanktionen weiterführen zu können. Nicht nur den Großbanken,
sondern der Schweiz wie ihrer Wirtschaft als Ganzes wurde mit dieser
Lösung ein großer Dienst erwiesen. Der Vergleich sieht vor, dass mit
der Zahlung der Banken in den Vergleichsfonds alle Ansprüche ge-

genüber der Schweiz sowie schweizerischen Unternehmen und Organisationen (mit Ausnahme der drei Lebensversicherungen *Basler, Winterthur* und *Zürich*) abgegolten sind. Davon betroffen sind insbesondere Ansprüche im Zusammenhang mit der Flüchtlingspolitik während des Zweiten Weltkriegs, und dem Goldhandel der Schweizerischen Nationalbank, aber auch solche wegen Zwangs- und Sklavenarbeit für die Tochtergesellschaften schweizerischer Unternehmen.

Die Geschichtsaufarbeitung bezog sich jedoch nicht nur auf Wiedergutmachungszahlungen. Die Maßnahmen der Bank gingen weiter und beinhalteten die ernsthafte Auseinandersetzung mit der eigenen Unternehmenskultur. Zum einen war die Diskussion um herrenlose Vermögen ein Imageproblem, das kommunikativ gelöst werden musste, um Angriffsflächen zu reduzieren. Zum anderen war die Bank aber auch zu einem Lernprozess bereit und sah das Problem in einem breiten Fragenkontext: **Welche Rolle spielt ein Unternehmen in der Gesellschaft?** Wie politisch oder unpolitisch kann ein Privatunternehmen sein?

Dass es der *Credit Suisse Group* um mehr ging, als nur oberflächlich sein Image zu bewahren, wird darin deutlich, dass eine eigene Abteilung unter dem Namen »Foundations and Corporate History« entstand. Dieser Abteilung ist das neue Zentrale Firmenarchiv untergeordnet. Daneben hat die Abteilung unter Leitung von dem Historiker Dr. Joseph Jung die Aufgabe, die Geschichte der Bank im Zweiten Weltkrieg und anschließend die gesamte Geschichte der Banken der *Credit Suisse Group* aufzuarbeiten.

Die ersten Ergebnisse wurden 2000 und 2001 vorgelegt: Zwei detailreiche, wissenschaftliche Publikationen, die Neuland in der schweizerischen Wirtschaftsgeschichte betraten und den drängenden Fragen zur Rolle der Bank im Zweiten Weltkrieg viele Antworten gaben. Mit den Publikationen »Von der Schweizerischen Kreditanstalt zur Credit Suisse Group. Eine Bankengeschichte« sowie »Zwischen Bundeshaus und Paradeplatz. Die Banken der Credit Suisse Group im Zweiten Weltkrieg. Studien und Materialien« sind die Anstrengungen der Bank öffentlich nachlesbar. Die Bücher sprechen von den Schattenseiten der Unternehmensgeschichte, was den Aufarbeitungswillen glaubwürdig macht.

Interview: Dr. Joseph Jung (Credit Suisse Group, Zürich)

Dr. Joseph Jung ist ein ausgewiesener Experte für Schweizerische Finanzgeschichte. Seit 1996 ist er Leiter des Ressorts Foundations, Corporate History and Archives der CreditSuisse Group in Zürich. In dieser Funktion publizierte er verschiedene Studien, u.a. »Von der Schweizerischen Kreditanstalt zur Credit Suisse Group. Eine Bankengeschichte« (Zürich 2000) oder »Zwischen Bundeshaus und Paradeplatz. Die Banken der Credit Suisse Group im Zweiten Weltkrieg. Studien und Materialien« (Zürich 2001). Dr. Jung ist Gastdozent an der Universität Freiburg i. Ue. (Schwerpunkt: Schweizerische Unternehmensgeschichte) und Visiting Fellow an der Hoover Institution, Stanford.

Frage: Sie sind der Haushistoriker der Credit Suisse Group. Mit wie vielen Mitarbeitern arbeiten Sie in der Abteilung Foundations, Corporate History and Archives?

Dr. Joseph Jung: Das Ressort »Foundations, Corporate History and Archives« besteht, wie der Name sagt, aus drei Bereichen, wobei die beiden letztgenannten inhaltlich zusammengehören. Die Zahl der Mitarbeitenden ist projektabhängig. Bei der Aufarbeitung der verschiedenen Themenkomplexe zum Zweiten Weltkrieg beispielsweise waren in meinem Team zeitweise mehr als hundert Personen beschäftigt – mit unterschiedlichen Fachkompetenzen aus dem Bankgeschäft und von unterschiedlicher wissenschaftlicher Herkunft. Wenn keine speziellen Projekte laufen, sind es um die sieben Mitarbeitenden, von denen die meisten Teilzeitpensen haben.

Frage: Welche Aufgaben hat Ihre Abteilung außer der Publikation von historischen Studien über Ihre Bank?

Dr. Joseph Jung: Zur eigentlichen Hauptaufgabe gehört die Dokumentation der Geschichte unseres Unternehmens in allen wesentlichen Aspekten. Im Firmenarchiv stellen unsere ausgewiesenen Fachleute die laufende aktive Bewirtschaftung des Archivs mit seinen mehreren Laufkilometern und Gigabytes an Daten und Dokumenten sicher. Außerdem sind wir Dienstleister für zahlreiche interne »Kunden«, für die wir im Sinne des »historical research« die jeweils aktuellen Fragestellungen zur älteren und jüngeren Vergangenheit aufarbeiten. Die Publikation historischer Studien stellt somit lediglich den kleineren, für die Öffentlichkeit jedoch direkt wahrnehmbaren Teil unserer Tätigkeit dar.

Frage: Welchen Stellenwert wird Unternehmensgeschichte in Ihrem Haus noch haben, wenn die kritischen Punkte aus der NS-Zeit aufgearbeitet und bewältigt sind?

Dr. Joseph Jung: Die wissenschaftliche Aufarbeitung unseres Unternehmens bzw. der entsprechenden ehemaligen Institute und Gesellschaften ist eingebettet in das Bekenntnis der Credit Suisse Group, zu ihrer Vergangenheit mit allen ihren Aspekten zu stehen. Um diesem Bekenntnis glaubwürdig nachzuleben, muss diese Vergangenheit mit ihren unterschiedlichen und vielfältigen Ausprägungen bekannt sein. Vor diesem Hintergrund ist es eine beständige Aufgabe, zu dieser Transparenz beizutragen, um auch auf diese Weise unserer Verantwortung gegenüber der Gesellschaft, in der wir uns als Unternehmen bewegen, gerecht zu werden.

Frage: Wie unabhängig können Sie als Wissenschaftler arbeiten bzw. wie glaubwürdig sind die Studien, die Sie als Angestellter Ihrer Bank erarbeiten? Also welchen kommunikativen Effekt hat ein »corporate historian« – werden Sie nicht nur als PR-Stratege wahrgenommen?

Dr. Joseph Jung: In all den vergangenen Jahren habe ich die positive Erfahrung gemacht, dass in der Credit Suisse Group die Unabhängigkeit der wissenschaftlichen Forschung vollumfänglich gewährleistet ist. Zu keinem Zeitpunkt wurden unsere Recherchen durch irgendwelche unternehmenspolitischen Vorgaben beeinflusst oder gar gesteuert. Dass es durchaus im Interesse eines Unternehmens liegt, seine Geschichte offen darzustellen und zu publizieren, braucht ja wohl in diesem Kontext nicht weiter ausgeführt zu werden. Und dass eine solche Aufarbeitung wissenschaftlichen Kriterien genügen muss, erscheint ebenso als evident. Wenn man nun PR nicht als beschönigende Kommunikation versteht, sondern als Gesamtheit verschiedenster Maßnahmen und Aspekte, die allesamt das Bild eines Unternehmens vermitteln sollen, so kann die Arbeit eines Historikers durchaus als ein Element des Ganzen verstanden werden – und dies unabhängig davon, ob dieser Historiker ein universitärer Forscher ist oder eben ein vom Unternehmen angestellter Wissenschaftler.

Frage: Wie legitim ist es für ein Unternehmen, seine eigene Geschichte im eigenen Haus aufarbeiten zu lassen? Sollte man diese Aufgabe nicht besser der unabhängigen universitären Wissenschaft überlassen?

Dr. Joseph Jung: Hier ist an die vorstehende Frage anzuknüpfen. Entscheidend ist die Wissenschaftlichkeit als oberstes Qualitätskriterium schlechthin. Ist diese gewährleistet, so ist es unerheblich, ob Forschung von öffentlicher oder unternehmerischer Seite betrieben wird. Ziel aller Forschung muss es doch sein, möglichst nahe an die wirklichen Geschehnisse und somit an die historische Wahrheit heranzukommen. Um gerade die Vorzüge und Möglichkeiten der unternehmenseigenen Forschung am Beispiel der Aufarbeitung unserer Geschichte während des Zweiten Weltkrieges etwas zu illustrieren: Wir konnten von einem Vertrauensverhältnis profitieren, das uns ermöglichte, zahlreiche Quellen schneller und einfacher zu erschließen, als es anderswie wohl denkbar gewesen wäre. Dank dem

Engagement des Unternehmens konnten wir über einen Mittel- und Technologieeinsatz verfügen, der öffentlichen Institutionen in einem so kurzen Zeitraum verwehrt gewesen wäre. Im Übrigen sei gesagt, dass führende Wissenschaftler nicht zwangsläufig einen wissenschaftlichen Konflikt allein in der Tatsache sehen, dass ein Unternehmen seine Geschichte selbst schreibt. Warum denn sollen universitäre Forscher den thematischen Beschränkungen oder einer Fokussierung auf Grund eines wissenschaftlichen Ansatzes nicht unterliegen?

Frage: Hat die Debatte um das Nazi-Gold und die herrenlosen Vermögenswerte die Unternehmenskultur in der Schweiz und das Verhältnis zur Geschichte verändert? Wenn ja, welche Veränderungen haben Sie festgestellt?

Dr. Joseph Jung: Ohne Zweifel konnte in den vergangenen Jahren ein verstärktes Interesse sowohl der breiteren Öffentlichkeit als auch der Unternehmen an Geschichte festgestellt werden. Wieweit dieses Interesse dauerhaft sein wird, wird sich erweisen. Allerdings zeigt sich immer wieder, dass die öffentliche Wahrnehmung von zahlreichen und sich laufend verändernden Faktoren beeinflusst wird. Im Bereich der Unternehmen, und hier orientiere ich mich beispielhaft an Schweizer Finanzinstituten, bestehen keine Zweifel darüber, dass die Debatte um den Zweiten Weltkrieg zu einer nachhaltigen Sensibilisierung geführt hat. Dies findet nicht zuletzt seinen Ausdruck darin, dass entsprechende Maßnahmen eingeleitet wurden, um allenfalls aufkommende Fragen proaktiv anzugehen. So gesehen hat sich die Unternehmensgeschichtsforschung emanzipiert. Die Geschichte gilt als respektiertes Element des Unternehmens, als dessen Identität und Kultur.

Exxon – Umweltsünder bis in alle Ewigkeit?

Das Tankerunglück der *Exxon Valdez* vor der Küste Alaskas 1989 hat sich bis heute in das globale historische Gedächtnis eingeprägt.

> *Das Beispiel macht deutlich, dass nicht nur Zwangsarbeiter und Nazi-Gold kritische Aspekte von Unternehmensgeschichten sein können, sondern dass Geschichte von Unternehmen jeden Tag zu jeder Zeit und an jedem Ort gemacht wird.*

Was war passiert? Am 24. März 1989 kam es zum größten Ölunfall in der US-Geschichte. Der Öltanker *Exxon Valdez* lief auf das Bligh Riff im Prinz William Sound in Alaska auf. 40.000 Tonnen Erdöl verschmutzten eine einmalige, weitgehend unberührte Küstenlandschaft. Die Folgen der Ölkatastrophe für die Tierwelt waren und sind verheerend. Schätzungen belaufen sich auf 250.000 getötete Seevögel (andere Quellen sprechen von bis zu 675.000), 3.500 verendete Seeotter (etwa zehn Prozent der Gesamtpopulation), 300 tote Robben sowie zahlreiche getötete Schwertwale. Darüber hinaus wurden Milliarden von Fischeiern vernichtet.

Nachdem die Katastrophenbekämpfung anfangs nur zögerlich anlief, versuchten schließlich 11.000 Arbeiter mit Hochdruckreinigern, die verseuchten Küstengebiete zu reinigen. Mehr als zwei Milliarden US-Dollar kostete *Exxon* der Versuch, die Folgen der Katastrophe zu mindern. Der natürliche Abbau der Ölrückstände wird nach Meinung von Experten noch mehrere Jahrzehnte dauern. Eine Untersuchung im Sommer 2001 belegt, dass die Küste auf rund sieben Kilometer Länge noch immer mit bis zu 32.000 Tonnen Öl verschmutzt ist. Eine weitere Studie aus dem Jahr 2001 vom *US Fish and Wildlife Service* zeigt, dass sich von den 17 untersuchten Vogelarten, die von dem Ölunfall betroffen sind, nur vier Arten schwach erholt haben. Neun Arten zeigten keinerlei Erholung, während für vier Arten die Belastung zugenommen hat. Die Gezeitenzone ist immer noch verölt, d.h. Muscheln und Heringe sind belastet, somit Nahrung für Otter und Seevögel verseucht.

Exxon hatte zwar immer wieder betont, der Unfall sei durch unglückliche Umstände und menschliches Versagen verursacht worden. Doch klagten 1994 insgesamt 40.000 Fischer und Einwohner Alaskas gegen *Exxon*. Im Juli desselben Jahres entschied ein Geschworenengericht, dass *Exxon* zum Unfall grob fahrlässig beigetragen habe. Der Konzern wurde schließlich zu einer Entschädigung von fünf Milliarden US-Dollar verurteilt, zu zahlen an die kommerziellen Fischer, die Einwohner Alaskas und weitere Betroffene. Gleichzeitig wurden 287 Millionen US-Dollar für die wirtschaftlichen Auswirkungen des Ölunfalls zuerkannt. *Exxon* focht dieses Schadensersatzurteil mit Erfolg an. Im November 2001 entschied ein Berufungsgericht, dass die Zahlung mit fünf Milliarden US-Dollar unverhältnismäßig hoch sei. Am Ende wurde der Kapitän, dem vorgeworfen wurde, unter Alkoholeinfluss gefahren zu sein, in allen drei Instanzen und damit rechtskräftig freigesprochen. Auch *Exxon* ist strafrechtlich nicht belangt worden.

Die Umweltschutzorganisation *Greenpeace* und andere Umweltaktivisten nutzen regelmäßig den Jahrestag des Unglücks für ihre Aktionen. Ihr Hauptargument: Der Schutz der Meere ist noch immer Nebensache für *Exxon*. Nach wie vor haben viele Tanker des Konzerns nur eine Schiffswand und keine Doppelhülle. Vier Tanker, darunter das baugleiche Schwesterschiff der *Exxon Valdez,* befahren weiterhin die Katastrophen-Route zwischen Kalifornien und Valdez in Alaska. Fazit: Nichts gelernt aus der Geschichte? Hier die Stellungnahme des Unternehmens dazu:

Interview: Karl-Heinz Schult-Bornemann (Pressesprecher ExxonMobil Central Europe Holding GmbH, Hamburg)

Frage: Der Untergang der Exxon Valdez hat sich – obwohl er noch nicht einmal das größte Tankerunglück der Geschichte war – in das globale historische Gedächtnis eingeprägt. Ist dieses Kapitel für Sie abgeschlossen? Ist es Geschichte?

Karl-Heinz Schult-Bornemann: Richtig ist, dass sich das Tankerunglück in das globale historische Gedächtnis eingeprägt hat. Andere Tankerunfälle werden in seiner Größe daran gemessen, zu den »Jahrestagen« greifen die Medien gern in ihre Archive zurück. Gerade weil unser Unternehmen weltweit bekannt ist für eine ausgezeichnete Unternehmensführung im Hinblick auf Umweltschutz und Sicherheit, war dieser Vorfall für alle Mitarbeiter ein schwerer Schock. Er wirkt fort und ist nicht Geschichte, da die juristische Aufarbeitung auch noch nicht abgeschlossen ist.

Frage: Inwiefern wird eine aktive Historisierung dieses Ereignisses betrieben? Also wie sehen die Strategien aus, um dieses Ereignis vergessen zu machen und die assoziative Verbindung zwischen Exxon und Umweltsünder aufzuheben?

Karl-Heinz Schult-Bornemann: Es gibt keine Strategien, um dieses Ergebnis vergessen zu machen, aber Strategien der Vergangenheitsbewältigung. Exxon hat unmittelbar nach dem Unglück die Verantwortung hierfür übernommen und in bisher in der Weltgeschichte einmaliger Weise sowohl für die Beseitigung des Schadens als auch im Hinblick auf die Entschädigung der Betroffenen großzügig und unbürokratisch Hilfe geleistet. Nach wie vor bekennt sich das Unternehmen zu seiner Verantwortung, kann auf seine Anstrengungen zur Schadensbeseitigung und -entschädigung verweisen und hat für die unternehmensinternen Folgerungen, die aus der Katastrophe gezogen wurden, internationale Anerkennung erfahren.

Frage: Welche Auswirkungen hatte das Unglück auf Ihre Unternehmenskultur und das historische Bewusstsein in Ihrem Unternehmen? Also: Ist der Untergang sozusagen zu einem unternehmensinternen »Gedenktag« geworden, der eine neue Denktradition in Ihrem Hause begründet hat?

Karl-Heinz Schult-Bornemann: Gerade weil wir zu den weltbesten Unternehmen im Bereich Arbeitssicherheit, Umweltschutz und Beachtung aller Vorschriften gehörten, stellte der Unfall einen schweren Schlag für das Unternehmen und alle Mitarbeiter dar. Da wir gelernt haben, alle Unglücksfälle nicht als naturgegeben hinzunehmen, sondern sie mit Hilfe gezielter Maßnahmen zu verringern, ist auch das Unglück der Exxon Valdez Anlass gewesen, diese Anstrengungen zu verschärfen. Wir haben mittlerweile gerade auf dem Gebiet der maritimen Sicherheit zahlreiche Anerkennungen durch international anerkannte Institutionen erhalten. Am eindrucksvollsten ist vielleicht die Zahl, dass wir bei dem gesamten Transport, also Beladung, Transport und Entladung der Schiffe im Jahr, durchschnittlich fünf Esslöffel Öl Verlust pro eine Million Gallonen transportierter Ware zu verzeichnen haben. Damit liegen wir weit an der Spitze aller Unternehmen. Wir feiern daher keine Gedenktage, sondern arbeiten ständig aktiv an der weiteren Verbesserung unserer Management-Systeme zur Verhinderung von Unfällen aller Art.

Zusammenfassung:
Strategien der historischen Krisenkommunikation

Die verschiedenen Fälle machen deutlich, wie problematisch Unternehmensgeschichte in den Augen der Öffentlichkeit werden kann und von unterschiedlichen Interessengruppen gegen ein Unternehmen verwendet wird, solange ein ehrlicher historischer Lernprozess innerhalb der Unternehmen nicht stattfindet. Stete Vergangenheitsbewältigung ist somit eine wichtige Aufgabe der Unternehmen. Findet die nicht statt, fangen andere an, Unternehmensgeschichten zu schreiben. So entstanden in den 1980er Jahren bei Firmenjubiläen der damaligen *Daimler Benz AG* oder der *Bosch AG* inoffizielle Gegenpublikationen. Im Falle *Daimlers* hieß es 1986: »100 Jahre Daimler Benz. Kein Grund zum feiern!« Herausgegeben wurde die Schrift von einer Arbeitsgruppe einer Anti-Apartheids-Organisation. Ein Jahr später veröffentlichte die bekannte *Hamburger Stiftung für Sozialgeschichte des 20. Jahrhunderts* das kritische Buch »Das Daimler-Benz-Buch. Ein Rüstungskonzern im Tausendjährigen Reich«. Und für *Bosch* schrieb eine Gruppe von Mitgliedern des Arbeitskreises 35-Stunden-Woche: »100 Jahre Bosch. Halt dei Gosch du schaffst bei Bosch«. Der Berliner Pharma- und Biotechnologiekonzern *Schering* hatte ganz ähnliche Erfahrungen. Eine Gruppe kritischer Aktionäre mit Unterstützung der Alternativen Liste Berlin schrieb Anfang der 1990er Jahre das mehrere hundert Seiten starke Buch »Schering – Die Pille macht Macht. Berichte über die Geschäfte des Schering-Konzerns«. Das sind nur einige Beispiele. Viele weitere können angeführt werden. Dass diese Publikationen nur vorübergehende Produkte der friedensbewegten 1980er Jahre waren, der Zeit, in denen die Grünen und andere Protestbewegungen stark wurden, stimmt übrigens nicht. In dieser Zeit lässt sich zwar eine verstärkte unternehmenskritische Haltung der Öffentlichkeit feststellen. Doch durch die aktuelle Globalisierungsdebatte sind gerade wieder die weltweit agierenden Konzerne in das Blickfeld verschiedener Gruppen geraten. Insofern werden Unternehmen auch in Zukunft mit der Herausforderung konfrontiert sein, sich mit alternativen Darstellungen von Unternehmenspolitik zu befassen und sich mit Kritik konstruktiv auseinander zu setzen. Um das allerdings tun zu können, müssen die Verantwortlichen sehr genau wissen, wo ihr Unternehmen steht und wie es sich im Laufe der Zeit bis zu diesem Punkt entwickelt hat. Eine **genaue Dokumentation** der Unternehmenstätigkeiten ist deshalb **unerlässlich.**

Das Problem der Geschichte ist, dass Geschehenes nicht ungeschehen gemacht werden kann. Geschichte ist immer da, selbst wenn sie über die Zeit unterschiedlich bewertet wird und die Relevanz bestimmter Aspekte zunehmen oder abnehmen kann. Damit müssen auch nachgeborene Managergenerationen leben, selbst wenn es manch einem Unternehmensverantwortlichen schwer fällt, für Entscheidungen von Amtsvorgängern einzustehen, die 100, 50 oder 20 Jahre zurückliegen.

Wenn es zu einem strategischen Umgang mit Unternehmensgeschichte kommt, gilt also zuallererst: Die einzige Methode, um der Geschichtsfalle zu entkommen, ist, **offensiv** zu **kommunizieren** und bei der Diskussion um seine eigene Unternehmensgeschichte an der Spitze zu stehen. Denn selbst wenn Unternehmensarchive verschlossen bleiben, wird ein guter Rechercheur, kritischer Journalist oder

Historiker auch außerhalb des Unternehmens viele Informationen zur Geschichte eines Unternehmens finden – und für Skandale ist die Öffentlichkeit immer dankbar.

> *Der größte Fehler ist, zeitverzögert zu handeln, selbst über sich und seine Geschichte nicht Bescheid zu wissen oder gar keine Kommunikation zu betreiben.*

Unternehmensgeschichte sollte deshalb unbedingt in **Krisen-Audits, Schwachstellen-Analysen** und dem **Krisenkommunikationsplan** berücksichtigt werden. Ein Krisen-Audit oder eine Schwachstellen-Analyse vorzunehmen, bedeutet mit Blick auf die Unternehmensgeschichte, kritische Phasen in der Vergangenheit zu definieren. Anhand von Archivmaterialien lassen sich Probleme in der Vergangenheit wie missglückte Fusionen oder Produkteinführungen, Pleiten, Pech und Pannen, aber auch zweifelhafte politische Verwicklungen und Geschäftspraktiken von gesellschaftlicher Relevanz verorten. All diese Punkte werden in einem Plan zusammengefasst und dienen zunächst dem internen Wissensmanagement. Es obliegt der Geschäftsleitung auf Grund der Brisanz bestimmter Themen, öffentlicher Diskussionen und Drucks von außen, zu reagieren.

→ **Checkliste: Schwachstellen-Analyse zur Unternehmensgeschichte**

- Ist die Unternehmensgeschichte dokumentiert?
- Ist ein Archiv vorhanden, mit dem man Fragen zur Unternehmensgeschichte beantworten kann?
- Gibt es Mitarbeiter oder externe Dienstleister, die sich mit der Unternehmensgeschichte auskennen bzw. diese für die Öffentlichkeitsarbeit und das Krisenmanagement aufbereiten können?
- Wurden Zwangsarbeiter beschäftigt?
- Gab es politische Verwicklungen in der NS-Zeit?
- Gibt es kritische Stationen in den Biografien von Inhabern, Managern, Großaktionären, Teilhabern?

- Gab/gibt es Geschäftskontakte zu politisch fragwürdigen Staaten (z.B. ehemaliges Apartheid-Regime in Südafrika, Irak etc.)?
- Welche Pleiten, Pech und Pannen gab es in der Unternehmensgeschichte?
- Gibt es alternative Darstellungen zur Unternehmensgeschichte?
- Welche Akteure außerhalb des Unternehmens gibt es, die sich mit der Unternehmensgeschichte befassen? (Hier sollte man auch Newsgroups, Chatrooms oder so genannte Hatesites im Internet berücksichtigen.)

Teil II:
History Marketing: Die Praxis

→ Vom Firmenjubiläum zum History Marketing – die Praxis

Das History Marketing ist als **kompletter Prozess** zu sehen, der von unterschiedlichen Anlässen und Instrumenten getragen wird. In diesem Kapitel soll das History Marketing nun von der praktischen Seite vorgestellt werden. Geklärt wird, welche **Anlässe** außer dem Firmenjubiläum genutzt werden können. Vorgestellt werden ebenso eine ganze Reihe von **Maßnahmen,** die Unternehmen für ihre positive Selbstdarstellung nutzen können. Das Spektrum der Maßnahmen reicht dabei von preisgünstigen Medienkooperationen bis hin zu aufwendig gestalteten historischen Unternehmensmuseen oder Stiftungsdozenturen an Universitäten.

Anlässe und Maßnahmen des History Marketing sind unter Umständen schnell gefunden. Um ein systematisches History Marketing zu betreiben, sind jedoch auch einige institutionelle, personelle und materielle Voraussetzungen notwendig

Eine institutionelle Grundvoraussetzung ist zuallererst ein **professionell geführtes Unternehmensarchiv.** Viele Großunternehmen haben das bereits erkannt. Anders sieht es bei der Mehrheit von mittelständischen und erst recht bei kleineren Betrieben aus, weshalb – als eine erste Anregung – am Ende dieses Teils in sechs Schritten erklärt wird, wie ein eigenes Unternehmensarchiv mit einfachen Mitteln aufgebaut werden kann. Manch einem gestandenen Wirtschaftsarchivar werden diese Ausführungen nicht ausreichen, jedoch ist es wichtig, Hemmschwellen zum Aufbau eines Archivs zu senken und damit historische Quellen in den Unternehmen zu retten. Ein weiterer professioneller Betrieb des Archivs kann darauf aufbauen und sich entwickeln.

Eine weitere institutionelle Voraussetzung des History Marketing ist im Übrigen die organisatorische »Aufhängung« von **Archiv oder anderen Einrichtungen mit historischem Bezug in die aktuelle Unternehmens- und Markenkommunikation,** was eine direkte Anbindung an die Abteilungen für Marketing und PR notwendig macht. Die Leiter von Archiven, Unternehmensmuseen oder externe History Consultants sollten in die Tagespolitik der Unternehmen einbezogen werden.

Die **personellen Voraussetzungen für das History Marketing** zu beziffern fällt schwer. Der Aufwand für das History Marketing hängt von der Größe der Unternehmen ab oder der Professionalität, mit der dieses betrieben werden soll. Fest steht, dass ein halbtags angestellter Archivar wahrscheinlich vollkommen mit den klassischen Archivarbeiten beschäftigt sein wird und kaum ein umfangreiches History Marketing betreiben kann. Zusätzliche Mitarbeiter sind dann notwendig. Ein Unternehmen wie Audi beschäftigt z.B. 26 Mitarbeiter im Bereich der historischen Öffentlichkeitsarbeit. Für mittlere und kleine Unternehmen ist die vordringlichste Frage, wie die Vorzüge des History Marketing überhaupt genutzt werden können, ohne einen festen Kostenapparat aufzubauen. Eine Lösung dafür ist, auf Projektbasis mit externen Dienstleistern zusammenzuarbeiten. Es gibt freie Archivare, die in die Unternehmen gehen, ein Archiv aufbauen und anschließend einen Mitarbeiter des Unternehmens anlernen, der wiederum zusätzlich einen Lehrgang zum Wirtschaftsarchivar bei der *Vereinigung deutscher Wirtschaftsarchivare* belegen kann, um die fälligen Arbeiten im Archiv schließlich selbständig zu bewältigen. Historische Publikationen oder Event-Kommunikation mit historischen Aufhängern können ebenso in **Zusammenarbeit mit spezialisierten Agenturen** gemacht werden (siehe → Serviceteil). Die Kosten für das History Marketing – also die materiellen Voraussetzungen – bleiben so überschaubar.

→ 1. ANLÄSSE DES HISTORY MARKETING

Es gibt eine Vielzahl von Anlässen für das History Marketing. Runde Geburtstage dienen in unserer Kultur von jeher dazu, zurückzuschauen und die Vergangenheit Revue passieren zu lassen. Man kann das als eine Kulturpraxis verstehen, die dazu dient, seine eigene Position zu finden und sich selbst über das Erreichte zu vergewissern. Die Frage ist, wann ein runder Geburtstag bzw. ein guter Anlass für das History Marketing gegeben ist? Normalerweise zählt man bei **Jubiläen in 25er-Schritten.** Die Hintergründe dieser Kulturpraxis sind nur schwer zu entziffern, jedoch weiß jeder, dass das 25. oder 50. Firmenjubiläum ein Grund zum Feiern ist.

Davon abweichend wird es der Öffentlichkeit auch verständlich sein, wenn z. B. das»verflixte siebte Jahr« gefeiert wird. So genannte »Schnapszahlen« (66, 77 etc.) sind ebenso als Anlass verständlich. **Externe Anlässe** – wie die Jahrtausendwende, ein Jahrhundertwechsel oder der Abschluss einer Dekade können zusätzlich als Grund für eine Retrospektive und einen Blick in die Zukunft herhalten. Externe Anlässe entstehen ebenso durch bestimmte **Sachkontexte.** Gesellschaftliche oder epochemachende Entwicklungen, die eine Relevanz für ein Unternehmen haben und zu denen eine assoziative Verbindung aufgebaut werden soll, eignen sich ebenfalls für das History Marketing. Das heißt: ein junger Hersteller konzeptioneller, innovativer Autos kann die Geschichte der Mobilität und deren Marksteine nutzen, um sich in eine Tradition zu stellen.

Im Sinne des History Marketing spielt der Präsentations- und Repräsentationsaspekt historischer Anlässe eine besondere Rolle. Jubiläen können durchaus zur Unterhaltung und Vermarktung dienen und unter Umständen ein deutlicher Gegenpol zur seriösen historisch-politischen Erinnerungsarbeit sein – ohne allerdings zum bloßen Klamauk zu verkommen. Die strategischen Ziele, die sich in der Kommunikation mit einem historischen Anlass verbinden lassen, dürfen nicht aus den Augen gelassen werden.

Gewarnt sei ebenso davor, die historischen Anlässe zu ausgiebig zu nutzen. Wer nur durch seine Geschichte auf sich aufmerksam macht, wird es schwer haben, seine Zukunftsperspektiven herauszustellen. Also wer auf inflationäre Weise die Gründung seines Unternehmens groß feiern wollte (z.B. jedes Jahr), wird schnell den Eindruck erwecken, dass es außer dem Alter des Unternehmens nichts Weiteres zu feiern gibt. Der Blick nach hinten wird dann zu stark ritualisiert und langweilt nur noch. Der besondere Aufmerksamkeitseffekt eines historischen Anlasses verschwindet.

> *Die alleinige Legitimation durch das Alter ist niemals ausreichend, um der Öffentlichkeit zu sagen: Arbeitet für uns, kauft unsere Produkte, kauft unsere Aktien etc.*

Daneben gibt es historische Anlässe im Unternehmen, die mit absoluter Ernsthaftigkeit behandelt werden müssen, nämlich da, wo das Agieren eines Unternehmens gesellschaftspolitische Relevanz erhält. Das ist der Fall, wenn es um Verstrickungen wie im Dritten Reich geht. Bei solchen Anlässen, die hier als »Unternehmens-Gedenktage« bezeichnet werden sollen, ist der Begriff des History Marketing unbrauchbar, denn – wie mehrfach betont – geht es hier ja nicht um die zweckrationale Vermarktung z.B. von Wiedergutmachungen für Zwangsarbeiter. Diese definitorische Einschränkung des History Marketing muss im Kopf behalten werden, wenn »Unternehmens-Gedenktage« begangen werden.

> *Aufgabe der Verantwortlichen für das History Marketing ist es, einen Kanon der historischen Fest- und Gedenktage innerhalb eines Unternehmens zu definieren.*

→ **Übersicht: Anlässe für Fest- und Gedenktage**

• Firmenjubiläen
• Geburts- und Todestage von Unternehmensgründern/Namensgebern
• Geburts- und Todestage von bedeutenden Persönlichkeiten der Unternehmensgeschichte (z.b. Forscher, Ingenieure etc.)
• im Falle der Zwangsarbeit oder Arisierung von Betrieben: Definition entsprechender Gedenktage
• Standortgeburtstage
• Erfindungen
• Einführungen von Produkten
• Geburtstage von Markenanmeldungen
• Pionierleistungen
• Patente
• Geburtstage von Werbefiguren
• Internationalisierung/Aufbau neuer Unternehmensbereiche (z.B. 25 Jahre deutsch-russische Handelsbeziehungen oder Geburtstag einer Tochterfirma in Südamerika)
• Börsengang
• Preise (Design, Nobel, Forschung, Umwelt)
• soziale Leistungen, Errungenschaften (z.B. 100 Jahre Sozialpartnerschaft oder Mitarbeiterverpflegung oder Betriebskrankenkasse etc.)
• Gebäude/Architektur (z.B. wenn ein Unternehmen besonderen Wert auf die Architektur seiner Gebäude legt und dies als Aushängeschild empfindet, kann es sich lohnen, das als eigene Geschichte zu erzählen)
• externe Sachkontexte

Grundsätzlich hängt das History Marketing nicht von einzelnen Anlässen ab, sondern sollte als konstanter Prozess angesehen werden. Bestimmte Anlässe wie das 150-jährige Bestehen eines Unternehmens besitzen zugegebenermaßen eine sehr große Aufmerksamkeitsstärke. Davon unabhängig können Anlässe für den historischen Rückblick auch von außen durch gesellschaftliche Entwicklungen an das Unternehmen herangetragen werden. Das History Marketing greift in diesen Fällen bestimmte Sachkontexte auf. Zu den für das History Marketing relevanten Sachthemen zählen z.b.:

• Umweltschutz,
• Sozialpartnerschaft und soziale Leistungen,
• Personalpolitik,
• Internationalisierung und Globalisierung.

Umweltschutz und dessen Geschichte im Unternehmen

Mittlerweile seit Jahrzehnten spielt gerade in Deutschland der Umweltschutz eine herausragende Rolle. Unternehmen wurden im Laufe dieser Zeit nicht mehr nur nach Erträgen oder Qualität ihrer Produkte bewertet, sondern auf Grund der Nachhaltigkeit ihres Wirtschaftens insgesamt. Umweltschutz ist zu einem **erstrangigen Faktor der Imagebildung** geworden. So ist es bei vielen Unternehmen Brauch geworden, jährlich einen Nachhaltigkeits- oder Umweltschutzbericht herauszugeben, um Bemühungen in diesem Bereich zu dokumentieren. Diese Berichte haben immer einen historischen Charakter. Verglichen wird das Erreichte der Gegenwart mit der Situation in der Vergangenheit. Entwicklungsprozesse im Umweltschutz kann man auch ausführlich im Sinne einer Geschichte des Umweltschutzes im Unternehmen festhalten. Die publikumstaugliche Darstellung umweltfreundlicher Produktionsmethoden oder Verpackungen im Laufe der Jahre macht deutlich, dass ein Unternehmen Umweltschutz nicht aus Aktionismus betreibt und hier und da mal etwas getan hat, sondern dass das Unternehmen sich kümmert. Es macht sich Gedanken über unsere Umwelt und unsere Ressourcen und sieht Umweltschutz als eine Investition für die Zukunft nachfolgender Generationen. Beispielhaft hat der *Volkswagenkonzern* diesen Aspekt in einer Publikation aufgearbeitet (Schumacher, Malte/Grieger, Manfred, Wasser, Boden, Luft. Beiträge zur Umweltgeschichte des Volkswagenwerks Wolfsburg, Wolfsburg 2002). Eine andere Form der Darstellung wählte die *Osram AG* mit einem interaktiven Zeitstrahl, auf dem nach Jahreszahlen geordnet die wichtigsten Umweltschutzmaßnahmen des Unternehmens vorgestellt werden (siehe → www.osram.de/ueber_ uns/umwelt/chronik.html).

Abbildung 1: VW nutzt die Umweltgeschichte als Thema der Öffentlichkeitsarbeit

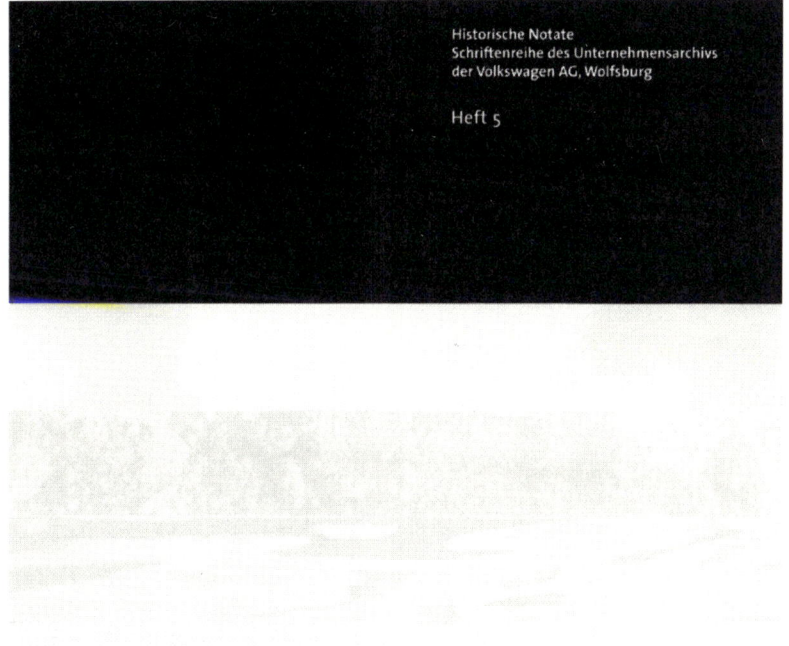

Sozialpartnerschaft und soziale Leistungen

Soziale Leistungen waren nicht immer eine Selbstverständlichkeit und haben sich erst im 20. Jahrhundert etabliert. Sie gehören zu den wesentlichen Errungenschaften moderner Staaten und deren Unternehmen und eignen sich hervorragend für eine historische Selbstdarstellung von Firmen, die z.B. soziale Leistungen besonders früh eingeführt haben. Das suggeriert potentiellen Arbeitnehmern, dass sie geschätzt werden und aufgehoben sind. Das »sorgende Unternehmen«, auch wenn es zunächst antiquiert erscheint, bietet Schutz und Sicherheit und zeigt, dass es an seinen Mitarbeitern interessiert ist. Umgekehrt wird das eine stärkere Verbundenheit mit dem Unternehmen erzeugen und Energien der Mitarbeiter freisetzen.

Geschlechtergeschichte als Reflexion der Personalpolitik eines Unternehmens

Für Unternehmen kann es unter Umständen sehr wichtig werden, verstärkt Frauen als potentielle Arbeitnehmerinnen anzusprechen. Die Attraktivität eines Arbeitgebers für Frauen hängt aber auch damit zusammen, ob dieser in der Meinung der Öffentlichkeit – sagen wir es neudeutsch – »equal opportunities« gewährleistet und Frauen in ihrer Karriere fördert. Dass das in der Geschichte nicht immer so war, ist jedem bekannt. Umso interessanter kann es sein, wenn ein Unternehmen auf eine Tradition zurückblicken kann, in der Frauen ab einem bestimmten Zeitpunkt gleichberechtigte Karrierechancen eingeräumt wurden. Sehr gut umgesetzt werden kann das z.B. in einer Broschüre, in der Biografien emanzipierter und erfolgreicher Frauen aus dem Unternehmen vorgestellt werden. In Berlin hat bereits vor einiger Zeit eine Kampagne für Aufsehen gesorgt, in der auf Plakaten die Leistungen Berliner Frauen herausgestellt und in das Bewusstsein der Öffentlichkeit gerückt wurden. Das Motto dieser Aktion lautete »Frauen bewegen Berlin«. Zwar initiierte der *Berliner Senat* gemeinsam mit den *Berliner Verkehrsbetrieben* diese erfolgreiche Kampagne, vom Prinzip her ist sie aber auch für Privatunternehmen ein gutes Beispiel.

Internationalisierung/Globalisierung

Die Internationalisierung von Unternehmen macht deren Organisation immer unübersichtlicher. Mit zahlreichen Auslandsbeteiligungen und Arbeitnehmern, die über verschiedene Kontinente verteilt sind und verschiedenen Kulturen oder Religionen angehören, wird das Unternehmen an sich zu einem erklärungsbedürftigen Gegenstand. Zum Verständnis von Großorganisationen ist deren Geschichte unerlässlich. Die Geschichte klärt auf, wann welcher Unternehmensteil aufgebaut wurde, wie sich Produktpaletten entwickelten oder Unternehmenskultur entstand. Die Macht der Geschichte wird von den meisten Kommunikationsprofis unterschätzt. Wenn es z.B. darum geht, eine neue Corporate Identity zu schaffen, kann das nur als Prozess unter Berücksichtigung historisch tradierter Tatsachen geschehen. Demgegenüber wird oft der Fehler begangen, dass Mitarbeitern neue Profile nach dem Motto aufgepfropft werden: Ab heute, liebe Mitarbeiter, haben wir ein neues Logo, damit sind wir jetzt modern, frisch, kundenorientiert und immer motiviert. Das klingt hohl und kann anders kommuniziert werden. Geschichte ist somit auch ein begleitendes Instrument des »change managements« im Unternehmen.

> *Die Themen des History Marketing müssen individuell für den Kontext des Unternehmens ermittelt werden und ändern sich im Laufe der Zeit. Sie unterliegen den Moden der gesellschaftlichen Debatten. Neue Perspektiven auf die Unternehmensgeschichte entstehen dadurch und können für die Darstellung des Unternehmens bedacht und genutzt werden.*

→ 2. INSTRUMENTE UND MASSNAHMEN DES HISTORY MARKETING

Bei jedem Anlass und den daraus abgeleiteten maßgeschneiderten Maßnahmen steht eine entsprechende Planungs- und Konzeptionsphase am Anfang. Viele Unternehmen unterschätzen, dass die Vorbereitung eines Jubiläumsfestes oder einer Ausstellung teilweise einige Jahre in Anspruch nehmen kann. Gerade bei den verschiedenen Maßnahmen des History Marketing sollte man sich aber Zeit nehmen, alles zur Perfektion zu bringen. Denn mit seiner Geschichte stellt ein Unternehmen sein Innerstes bzw. den Kern seiner Marken vor. Eine Pressemitteilung, die fehlerhaft formuliert und schlecht layoutet ist, ist ärgerlich, aber schnell vergessen. Eine Ausstellung oder eine über den Buchhandel vertriebene Jubiläumsschrift hat allerdings bleibendere Effekte und bestimmt maßgeblich das Image eines Unternehmens bei den Zielgruppen – und das evtl. über Jahre.

Planen Sie die Maßnahmen des History Marketing mindestens 1-2 Jahre bevor der entsprechende Anlass ansteht.

Bevor auf einzelne Maßnahmen im Rahmen des History Marketing eingegangen wird, sollen die grundsätzlichen Schritte bis hin zu einer Maßnahme erklärt werden. Schließlich ergibt sich aus einem äußeren oder inneren historischen Anlass nicht automatisch eine spezifische Maßnahme. Es ist z.B. nicht immer die richtige Antwort, zum Firmenjubiläum eine Festschrift herauszugeben. Ein High-Tech-Unternehmen kann mit einer klassischen Printpublikation im Leineneinband sehr schnell sehr alt aussehen. Das Medium der Unternehmensbotschaften bzw. insgesamt die Inszenierung eines historischen Anlasses müssen zum Kontext des Unternehmens passen. Deshalb:

Vom Anlass bis zur individuellen Maßnahme ist ein langer Weg; und vor der Kommunikation steht die Konzeption.

Wie die Schritte zu einer Maßnahme des History Marketing aussehen, soll in den folgenden Abschnitten skizzenhaft geklärt werden.

a) Anlass und Ausgangspunkt definieren

Welche historischen Anlässe sollen für welche kommunikativen Ziele genutzt werden? Diese Frage beinhaltet zunächst eine andere Frage: Wo stehen wir heute, wo wollen wir morgen stehen? Zur Beantwortung dieser Frage gehört, eine Stärken-/Schwächen-Analyse aufzustellen. Eine ausführliche Recherche über Marktposition und die Wahrnehmung eines Unternehmens durch seine relevanten Zielgruppen ist hier notwendig, wenn man nicht im Rahmen anderer Kommunikationsmaßnahmen längst über die Stärken und Schwächen seines Unternehmens Bescheid weiß. Informationen über Stärken und Schwächen erhält das Unternehmen z.B. durch die Auswertung der Presseberichterstattung. Interviews mit Mitarbeitern oder externen Beobachtern können ein weiteres sinnvolles Instrument zur eigenen Lagebestimmung sein.

b) Ziele definieren

Durch den ersten Schritt kann bei der (fiktiven) Firma Schleckwaren z.B. herauskommen, dass die Süßwaren als ein wichtiger Produktions- und Kompetenzbereich in der Öffentlichkeit sehr unbekannt sind. Der historische Anlass dient dann dazu, neben den salzigen die süßen Gebäcke besonders in den Mittelpunkt zu rücken.

Oder es ist in der Öffentlichkeit unbekannt, dass sich ein Unternehmen seit über 100 Jahren aktiv im sozialen Bereich engagiert und schon im 19. Jahrhundert das Waisenhaus im Ort baute, das heute eine Begegnungsstätte ist, oder Wohnungen für seine Arbeiter errichtete. Der historische Anlass stellt diese Aspekte prominent heraus.

Die Ziele sollten möglichst konkret und realistisch sein. Als unpraktikabel hat es sich erwiesen, wenn mit einem unüberschaubaren Wust an Kommunikationszielen hantiert wird, der die Steuerung der einzelnen Maßnahmen und deren Evaluierung deutlich erschwert oder sogar unmöglich macht.

c) Zielgruppendefinition

Welche Zielgruppen angesprochen werden sollen, ist eine weitere wichtige Frage. In der Konzeptionsphase muss die Zielgruppendefinition für das History Marketing genau ausfallen. Eine pauschale Aussage wie die, dass das Unternehmen Schleckwaren mit den Maßnahmen zum Firmenjubiläum die allgemeine Öffentlichkeit ansprechen möchte, ist wenig hilfreich. Die Zielgruppendefinition muss weitergehen. Die Öffentlichkeit wird dann erst einmal in Teilöffentlichkeiten untergliedert, diese Teilöffentlichkeiten sind z.b. die Mitarbeiter oder Multiplikatoren wie die lokale Presse oder die Wirtschaftsfachpresse. Die genaue Zielgruppendefinition hängt davon ab, welche Ziele verfolgt werden.

Die Definition der Ziele und der Zielgruppen leitet zur eigentlichen Konzeptionsphase des History Marketing über. Wenn die Firma Schleckwaren z.b. mit dem Todestag des Firmengründers seine Mitarbeiter auf bestimmte Werte im Unternehmen aufmerksam machen möchte (soziale Verantwortung) und Mitarbeiter entsprechend als seine primäre Zielgruppe ansieht, dann ist es wenig hilfreich, eine wissenschaftliche Professorenkonferenz zur Mitarbeiterführung abzuhalten, die ein Fachpublikum und nicht seine Mitarbeiter anspricht.

d) Maßnahmenplanung

Das Kernstück einer jeden Konzeption sind die Maßnahmen. Deren Wirkung ist umso größer, je origineller die Maßnahmen sind, je professioneller sie umgesetzt werden und je zielgruppenspezifischer sie angelegt sind. Eine Maßnahme wirkt, wenn sie die anvisierten Zielgruppen abholt, also ihren Bedürfnissen und Gewohnheiten entspricht, sie überrascht, informiert usw.

Zusammenfassend noch einmal die Arbeitsschritte bis zur Maßnahmenplanung:

• Ausgangspunkt definieren
• Ziele definieren

• Zielgruppen definieren
• Maßnahmenplanung

Bei der Ideenfindung für Maßnahmen helfen gängige Kreativmethoden. Das Brainstorming ist die bekannteste Methode, um Kreativität anzukurbeln und der freien Assoziation Spielraum zu lassen (siehe zu Kreativitätsmethoden die Literatur im → Serviceteil). Die nachfolgenden alphabetisch geordneten Beispiele für Maßnahmen des History Marketing sollen darüber hinaus Anregungen geben. Einzeln oder als ganzes Maßnahmenbündel können sie aus Anlass eines Jubiläums oder unabhängig davon als langfristig eingesetzte Strategie benutzt werden.

Instrumente und Maßnahmen

Archive – Maßnahmen im und um das Firmenarchiv (Archivpädagogik, Schul- und Hochschulkooperationen, Stipendien)
Das Archiv ist nicht nur ein passiv nutzbares Medium. Es kann aus seinem Dornröschenschlaf wachgeküsst werden, da es verschiedene Bereiche der **aktiven Nutzung** gibt. Voraussetzung dafür ist allerdings eine offene Archivpolitik, die intern ganz klar definiert worden sein muss. Positioniert sich ein Archiv im Sinne einer offenen Archivpolitik als Dienstleister, ist die Wahrscheinlichkeit umso höher, von der Öffentlichkeit wahrgenommen und genutzt zu werden.

Typische Zielgruppen der Archive mit einer offenen Archivpolitik sind Wissenschaftler, Studenten, Journalisten, Lokalhistoriker, die allesamt als Multiplikatoren verstanden werden müssen.

Durch Dissertationen, Magisterarbeiten, Features in den Medien und lokalgeschichtliche Publikationen oder Ausstellungen von Heimatmuseen wird eine breitere Öffentlichkeit angesprochen. Bei traditionsreichen Markenartiklern wie *Beiersdorf* kann das sogar dazu führen, dass es ein blühendes Geschäft mit alten Radiospots auf CD-ROM oder unzählige Publikationen über die Marke *Nivea* gibt, die mit Unterstützung des Beiersdorf-Archivs entstanden sind. Ein Unternehmen, das z.b. Abfüllmaschinen herstellt, wird zwar nicht die Öffentlichkeit haben wie *Beiersdorf mit Nivea, einem Produkt, das jedes Kind kennt. Aber auch der mittelständische Maschinenbauer oder Handwerksbetrieb kann seine Teilöffentlichkeiten finden: in Fachmedien oder in der Region, in der er beheimatet ist.*

Wie weit die Politik der offenen Tür gehen kann, macht ein **Beispiel aus den USA** deutlich. Die im 19. Jahrhundert gegründete Werbeagentur *J. Walter Thompson*, die heute noch weltweit als eine der größten Agenturen tätig ist, hat ihre kompletten historischen Akten dem *Hartman Center for Sales, Marketing and Advertising History* der renommierten *Duke University* in North Carolina/USA geschenkt und unterstützt aktiv den weiteren Aufbau dieser werbehistorischen Forschungsstätte. Unter anderem werden jährlich ca. zehn **Reisestipendien** von 1.000 US-Dollar vergeben, mit denen Wissenschaftler aus der ganzen Welt angelockt werden. Durch ihre Publikationen tragen die Stipendiaten zur Bekanntheit des Unternehmens bei, mit dem Effekt, dass *J. Walter Thompson* heute die am besten dokumentierte Geschichte aller Werbeagenturen haben dürfte und als eines der ausschlaggebenden Unternehmen für die Entwicklung der modernen Absatzwerbung gilt. Die Agentur wird somit zum Inbegriff einer ganzen Branche (für weitere Informationen siehe → http://scriptorium.lib. duke.edu/hartman).

Archivmarketing muss ein Unternehmen nicht in dem Ausmaß betreiben, wie es *J. Walter Thompson* bzw. das *Hartman Center* der *Duke University* tut. Aber ein bis drei Reisestipendien von z.B. 500 Euro oder die öffentlichkeitswirksame Auslobung eines Preises für Arbeiten, die im Zusammenhang mit Recherchen im Archiv entstanden sind, wecken vor allem bei Studenten und jungen Wissenschaftlern die Aufmerksamkeit. Der finanzielle Aufwand dagegen hält sich sehr in Grenzen. Um das Ansehen eines z.B. alle zwei Jahre vergebenen **Studienpreises** zu heben, können Kooperationen mit Universitätsinstituten entsprechender Fachrichtungen eingegangen werden oder Schirmherren und -frauen gesucht werden. Je nach Bedeutung des

Unternehmens eignen sich dazu Persönlichkeiten des öffentlichen Lebens, lokale Würdenträger oder der eigene Vorstandsvorsitzende. Beispiele für Stipendien zur Erforschung von Unternehmensgeschichten finden sich auf der Website der Gesellschaft für Unternehmensgeschichte e.V. (→ www.unternehmensgeschichte.de). Unter anderem ist dort eine Ausschreibung für **Dissertationsstipendien** des *Gesamtverbands der Deutschen Versicherungswirtschaft (GdV)* zu finden. Mit den Stipendien soll die Sozialgeschichte des deutschen Versicherungswesens aufgearbeitet werden. Sind einem Unternehmen die Kosten für eine solche Maßnahme zu hoch, besteht die Möglichkeit, Stipendienprogramme gemeinsam mit branchengleichen Unternehmen oder in Kooperation mit Verbänden, staatlichen Forschungseinrichtungen oder kulturellen Institutionen aufzulegen.

Ein weiterer Schritt zu einem öffentlich angesehenen und genutzten Archiv können Maßnahmen der **Archivpädagogik** sein. Die Archivpädagogik hat sich seit Ende der 1980er Jahre an staatlichen Archiven entwickelt. Archivare oder Lehrer, die in diesem Bereich tätig sind (das sind in Deutschland ca. 30-40), haben sich im *Verband deutscher Archivarinnen und Archivare* zum Arbeitskreis Archivpädagogik und Historische Bildungsarbeit zusammengeschlossen (Webadresse → www.archivpaedagogen.de). Aus den Reihen dieses Arbeitskreises sind etliche Publikationen hervorgegangen, ebenso regelmäßige Informationsmedien. Die Arbeit der staatlichen Archivpädagogen ist ein sehr gutes Beispiel, wie Archive zu lebendigen Orten des Lernens werden. Unternehmensarchivare können davon lernen. Sie können Schulklassen einladen, die das Unternehmensarchiv als außerschulischen Lernort entdecken und über das Vehikel offener Lernformen neues Wissensterrain erobern. Aus pädagogischer Sicht bietet das die Möglichkeit, von dem sich wiederholenden Stoffkanon und den Frage-Antwort-Ritualen des Unterrichts in Geschichte, Sach-/Sozial- oder Gesellschaftskunde wegzukommen. Untersuchungen haben ergeben, dass Lehrer innerhalb einer 45-minütigen Schulstunde ca. 90 Prozent aller Fragen stellen und drei Viertel aller Worte sprechen. Die Schüler füllen im Grunde nur die Lückentexte der Lehrer aus. Exerziert wird damit vor allem ein Reproduktions- und Gedächtnislernen. Dem-gegenüber bieten Unterrichtseinheiten in Kooperation mit Unterneh-mensarchiven die faszinierende Möglichkeit des eigenständigen Er-forschens und Lernens. Themen wie die Industrialisierung können plastisch durch originales Archivmaterial dargestellt und vermittelt werden.

Die Arbeit mit Schülern im Archiv setzt eine genaue Planung vor-aus. So müssen nach einer ersten Kontaktaufnahme mit Schulen aus-führliche Vorgespräche mit Lehrern über die gewünschten Themen und Arbeitsformen, Alter und Zusammensetzung der Gruppen geführt werden. Man wird dann Material auswählen, ausheben, zusammen-stellen und vervielfältigen und Begleitmaterial nach pädagogischen Maßstäben erstellen. Aus arbeitsökonomischer Sicht ist es empfeh-lenswert, zwei bis drei Unterrichtseinheiten zu unterschiedlichen Themen, die mit der Unternehmensgeschichte zusammenhängen, zu entwickeln und mit diesem Standardmaterial (z.B. Lernheft, Folien-satz für Lehrer) zu arbeiten. Als Beispiel entwickelte die *Citibank* zum 50. Jubiläum des Marshall-Plans Unterrichtsmaterial in Kooperation mit dem *Klett-Verlag*, wodurch mehr als 1.300 Schüler von dem Un-ternehmen erreicht wurden. Bei der Zusammenarbeit mit Schulbuch-verlagen fallen allerdings erhebliche Kosten an. Für mittlere und klei-ne Unternehmen reicht es, mit einem Lehrer zusammenzuarbeiten oder externe historische Dienstleister mit der Erstellung von Unter-richtsmaterial zu beauftragen.

> *Die Zusammenarbeit mit Schülern und öffentlichen Institutionen sollte das Unternehmen nicht über Maßen für die Selbstdarstellung nutzen.*

Kooperationen mit Schulen sind zwar letztendlich auch eine Maß-nahme der Öffentlichkeitsarbeit, tritt das jedoch in den Vordergrund, wird man es sehr schwer mit den Lehrern haben, die verständlicher-weise skeptisch auf Werbung im Unterricht reagieren. Deshalb: Eine kurze Vorstellung des Unternehmens am Anfang der Unterrichtsein-heit und das Verteilen einer Broschüre reichen aus. Dann stehen aus-schließlich die Lerninhalte im Mittelpunkt.

Die Arbeit mit Schülern im Unternehmen kann auch in Form eines einmaligen oder regelmäßigen **Geschichtswettbewerbs** organisiert werden, der unter wechselnden Motti ausgetragen wird und durch die Wettbewerbsform zusätzliche Anreize für die Beschäftigung mit Unternehmensgeschichte schafft.

Neben Schülern sind **Studenten als Zielgruppen** interessant. Hier kommen vor allem Geschichtsstudenten in Frage, die im Unternehmensarchiv durch Unternehmensarchivare oder »corporate historians« eine Einführung in diese besondere Gattung von Archiven erhalten, was im Rahmen einer Übung oder eines einführenden Proseminars an einer Universität oder Fachhochschule stattfinden kann. Für die Studenten besteht der Vorteil, dass sie eines ihrer wichtigsten Arbeitsinstrumente kennenlernen, was an den Universitäten nicht unbedingt üblich ist. So kann es durchaus passieren, dass Studenten neun Semester Geschichte studieren, ohne jemals von ihren Lehrern aufgefordert zu werden, sich in ein Archiv zu stürzen und mit Primärquellen statt vorgekauter Sekundärliteratur zu arbeiten.

Aber auch andere Studenten kommen für diese Veranstaltungen in Frage. Im Sinne einer längerfristigen »pädagogischen« Arbeit der »corporate historians« und der **Kultivierung eines historischen Bewusstseins** bei zukünftigen Managergenerationen können Studenten der Betriebswirtschaftslehre eine interessante Zielgruppe sein. Die thematischen Schwerpunkte sind hier anders, da historische Quellenarbeit für einen BWLer wohl eher eine Zeitverschwendung ist. Wie wäre es also mit einem Seminar unter dem Titel »Shareholder value vs. culture value? Vom Sinn und Zweck der Unternehmensgeschichte in der Betriebswirtschaftslehre«.

Umgekehrt hat eine Hochschulkooperation für das Unternehmen den Vorteil, dass in der Diskussion mit Studenten neue, frische Fragen an die Geschichte des Unternehmens gestellt werden und Anregungen für neue Projekte entstehen.

Eine offene Archivpolitik gegenüber seinen Nutzergruppen zu betreiben, heißt übrigens nicht, keine **Kontrolle** auszuüben über das, was zu einem Unternehmen geschrieben wird. Es ist absolut legitim, sich das Recht vorzubehalten, vor Veröffentlichung z.B. einer Dissertation diese auf inhaltliche Richtigkeit zu prüfen. Es kann immer passieren, dass einfach Missverständnisse auftreten, die zu einer verzerrten Darstellung der Unternehmensgeschichte führen. Die vorbehaltliche Prüfung sollte in der vom Nutzer anzuerkennenden Nutzerordnung auf jeden Fall enthalten sein (siehe das Muster für eine →»Nutzerordnungen für Unternehmensarchive«, S. 190). Allerdings ist es ratsam, sich diesbezüglich nicht zu bürokratisch zu verhalten. Es macht sich gut, den Nutzern, insbesondere wenn es um Veröffentlichungen geht, ihre Freiheiten bei der Bewertung der Unternehmensgeschichte zu lassen. Wenn es zu Konflikten kommt, in denen schwierige Themen, wie die Verstrickungen des Unternehmens im Dritten Reich, eine Rolle spielen und in einer Art dargestellt werden, die das Unternehmen für nicht gerechtfertigt hält, kann auf Grund der Verpflichtungserklärung eine solche Publikation verhindert oder verbessert werden. Wesentlich souveräner ist es jedoch, kritische Meinungen anzuhören, zur Diskussion zu stellen und eigene Perspektiven zu präsentieren. Das kann, wenn ein Konflikt öffentlich geworden ist, z.B. in Form einer Diskussionsrunde im nahegelegenen Kulturzentrum oder bei der lokalen Zeitungsredaktion passieren. In der Regel wird es diese Probleme allerdings nicht geben.

Ausstellungen/Museum

Firmenmuseen sind ein verbreitetes Instrument des History Marketing, die Unternehmen und deren Produkte sinnlich erfahrbar machen. In Deutschland, Österreich und der Schweiz gibt es schätzungsweise 250 Unternehmensmuseen mit ganz unterschiedlichen Profilen und Vermarktungsstrategien. Die Professionalität dieser Museen hängt entscheidend von der Unterstützung durch die Unternehmensleitung und den finanziellen Mitteln ab. Grundsätzlich zeigt sich, dass gut ausgestattete Unternehmensmuseen als Publikumsmagnet dienen können und dadurch viele neue Kontaktmöglichkeiten mit der Öffentlichkeit schaffen.

Interessanterweise leisten sich vor allem Firmen aus den Bereichen Bergbau, Brauwesen, Elektrotechnik, Automobilbau, Versorgung (Wasser/Kraftwerk) ein eigenes Museum. Das sind – bis auf das Brauwesen – Wirtschaftssektoren, die unmittelbar mit der Industrialisierung des 19. Jahrhunderts und des beginnenden 20. Jahrhunderts zusammenhängen und heute am ehesten eine Historisierung erfahren. Diese Feststellung bedeutet aber nicht, dass lediglich Unternehmen aus traditionsreichen Industriesparten den Mut zur Selbstdarstellung in einem eigenen Museum oder einer temporären Ausstellung haben sollten. Die Vielfalt der existierenden Unternehmensmuseen zeigt, dass letztendlich das Konzept, die Umsetzung, das Museumsmarketing sowie die Unterstützung durch die Geschäftsleitung über den Erfolg des Museums als Instrument des History Marketings entscheidet.

> *Wichtig ist auch, dass die Museumsverantwortlichen das Unternehmensmuseum nicht nur als bloße Dokumentationsstätte von Geschichte, sondern eben als Marketinginstrument verstehen. Das macht eine intensive Auseinandersetzung mit Museumspädagogik, Museumsmarketing oder Erfolgskontrollen seiner Arbeit notwendig.*

Absolut erforderlich sind also z.B. Besucherbefragungen oder die regelmäßige Anfertigung von Besucherstatistiken, die auch gegenüber der Unternehmensleitung zur Rechtfertigung seiner Arbeit sinnvoll sind (siehe zum Museumsmarketing die Literatur im → Serviceteil).

Es gibt – grob eingeteilt – zwei Kategorien von Unternehmensmuseen. Zum einen gibt es Publikumsmuseen (z.B. die Museen der Autohersteller, das Besucherbergwerk Bad Friedrichshall oder das Imhoff-Stollwerck-Museum in Köln), die auf eine breite Öffentlichkeit abzielen. Zum anderen existieren Museen, die vielmehr internen Zwecken der Unternehmen dienen und der Öffentlichkeit nur nach Absprachen oder überhaupt nicht zur Verfügung stehen. Die Museen der ersten Gruppe zeigen jedoch, dass Unternehmensmuseen nicht zwangsläufig ein träges Schattendasein führen müssen. Das Besucherbergwerk Bad Friedrichshall, das von der *Südwestdeutschen Salzwerke AG* betrieben wird, empfängt z.B. jährlich rund 80.000 zahlende Besucher (Eintrittspreis 5 Euro). Das Mercedes-Benz-Museum im Stammwerk Untertürkheim (das im Übrigen seit 1923 besteht) zieht bei freiem Eintritt jährlich über 420.000 Besucher an. Die in Wolfsburg gebaute »Autostadt« des *Volkswagenkonzerns*, in der u.a. auch die Geschichten der VW-Marken erzählt werden, begeistert rund zwei Millionen Menschen im Jahr. Erstaunlicherweise **laufen die Unternehmensmuseen den staatlichen Einrichtungen** zunehmend **den Rang ab.**

Abbildung 2: Das Audi museum mobile in Ingolstadt hat sich mit jährlich über 250.000 Besuchern zum Publikumsmagneten entwickelt

Am erfolgreichsten scheinen Museen zu sein, die von der bloßen Ausstellung von Objekten in Glasvitrinen absehen und Erlebnisse vermitteln sowie die Sinne der Besucher stimulieren. Eines der interessantesten Unternehmensmuseen, die diesen Ansatz verfolgen, ist das von *BMW* in München, wo die Geschichte der Mobilität mit der Unternehmensgeschichte verschränkt und multimedial aufbereitet wird.

Das erlebnisorientierte Museum, in dem die Objekte angefasst, über Computerterminals Zusatzinformationen abgerufen werden können und die Interaktivität mit dem Besucher im Mittelpunkt steht, ist wesentlich aufmerksamkeitsstärker als ein Museum, das nur aus Glasvitrinen und trockenen Texttafeln besteht. Aufmerksamkeitsstark sind in diesem Sinne auch funktionierende historische Dampfmaschinen, wie sie das Museum im Wasserwerk *(Berliner Wasserbetriebe)* hat. Sehr gelungen ist der drei Meter hohe Schokoladenbrunnen im Kölner Imhoff-Stollwerck-Museum (→ www.schokoladenmuseum.de), in dem flüssige Schokolade fließt, die von den täglich 1.300 Besuchern aus dem Brunnen mit einer Waffel geschöpft werden kann. Dadurch werden sinnliche Erfahrungen vermittelt, die sich positiv auf das Image eines Unternehmens auswirken. Abgerundet werden die Angebote erfolgreicher Unternehmensmuseen durch **Gastronomie, Museumsshop, Veranstaltungen** und **Sonderausstellungen**.

Abbildung 3: Der Schokobrunnen im Imhoff-Stollwerck-Museum vermittelt sinnliche Erfahrungen

Bei vielen Unternehmensmuseen, die sich erfolgreich auch innerhalb des Unternehmens positioniert haben, ist das **Museum nicht nur Ausstellungsort, sondern ebenso Begegnungsstätte und Veranstaltungszentrum.** Das hängt stark von den räumlichen Bedingungen ab. Wenn ein kleines Werksmuseum aus nicht mehr als einem 20 Quadratmeter großen Raum besteht, der dazu nur über Treppen und Hinterhöfe schwer zugänglich ist, sind die Möglichkeiten, aus einem Museum ein Veranstaltungszentrum zu machen, begrenzt. Verfügt ein Museum jedoch wie das Museum im Wasserwerk der *Berliner Wasserbetriebe* über mehrere Gebäude eines alten Wasserwerks mit imposanten Maschinenräumen und hervorragendem Blick auf einen See, liegt es nahe, Konzerte, Lesungen oder Sonderausstellungen stattfinden zu lassen und sich damit als Kultureinrichtung zu etablieren, die über das Unternehmen hinaus eine Bedeutung in der Region hat – und auf das Unternehmen positiv zurückstrahlt.

Abbildung 4: Das Museum im Wasserwerk der Berliner Wasserbetriebe ist eine beachtete Kultureinrichtung der Region, die auf das Unternehmen zurückstrahlt

Abbildung 5: Museum im Wasserwerk, Berlin – Innenansicht

Mit dem Instrument des Museums lassen sich also zahlreiche Kontakte zur Öffentlichkeit aufbauen. Vorteilhaft ist es deshalb, das **Museum als ein Info-Center** über das Unternehmen zu sehen. Das bedeutet, neben den historischen Informationen aktuelle Unternehmenspublikationen, Broschüren, Werbehefte auszulegen, ein PC-Terminal mit der Website des Unternehmens aufzustellen oder – sofern das Unternehmen Produkte für den Endkunden anbietet – einen Musterladen mit seinen Produkten einzurichten. Unternehmen, die Nahrungsmittel herstellen, insbesondere Winzer oder Bierbrauereien, punkten mit Verköstigungen ihrer Besucher als Bestandteil eines organisierten Erlebnisprogramms.

Jeder weiß, wie attraktiv der **Museumsshop** bei den großen Museen ist. Manchmal fragt man sich, ob das nicht sogar den größeren Reiz für das konsumgeübte Publikum ausmacht. Auch im Unternehmensmuseum können in einem Shop z.B. Bücher verkauft werden, die im engeren oder weiteren Sinne mit dem Thema des Museums zu tun haben. Dann kann man alte Werbemotive als Postkarteneditionen herausbringen oder seinen Besuchern Werbegeschenke mitgeben, weil das Sympathie verschafft.

Die Größe eines Unternehmens muss übrigens nicht ausschlagebend dafür sein, ob überhaupt ein Museum betrieben wird. Ein Großunternehmen wie *Siemens* verfügt natürlich über andere Ressourcen als ein Mittelständler oder ein Handwerksbetrieb. Ein eigenes Museum leisten sich in Deutschland, Österreich und der Schweiz aber nicht nur die ganz Großen. Interessant ist, dass es eine ganze Reihe von **Kleinstbetrieben** gibt, **die ein Museum unterhalten und das als ihr wichtigstes PR-Instrument** ansehen. Ein sehr gutes Beispiel ist das Wäschereimuseum »Omas Waschküche« in Berlin-Köpenick, das von einer kleinen Wäscherei betrieben wird und jährlich mehr als 1.500 Besucher anlockt (siehe → www.omas-waschkueche.de). Trotz der etwas abseitigen Lage am Stadtrand Berlins nimmt das Museum regelmäßig an Veranstaltungen wie der Langen Nacht der Museen teil, organisiert Sonderausstellungen, macht Waschvorstellungen mit alten Waschgeräten auf Straßenfesten oder verleiht alte Waschbretter und Bügeleisen an TV-Produktionen. Regelmäßig berichten die Medien über das kleine Museum, weil es so originell ist. Außer in den regionalen Medien gab es Berichte in Japan und den USA.

Die 2.500 Ausstellungsstücke auf kleinstem Raum sind in jahrelanger Arbeit von Lothar Amlow, dem Wäschereibesitzer, zusammengetragen worden. Das Besondere an dem Museum ist, dass es einen familiären Charme versprüht, alle Ausstellungsstücke angefasst, die Waschtrommeln von früher in Betrieb genommen werden können und der »Museumsdirektor« mit viel Engagement und Witz die Geschichte des Waschens im Wandel der Zeit erzählt und auf Wunsch Kaffee und Kuchen reicht. Das Museum arbeitet trotz Eintritt und bezahlter Führungen nicht kostendeckend. Allerdings: Für den Sechs-Mann-und-Frau-Betrieb entstehen durch die vielen Aktivitäten des Museums wichtige Kontakte zu Entscheidern aus Lokalpolitik, Kultur und natürlich zu potentiellen Kunden. Lothar Amlow schätzt, dass seine Firma ohne das Museum heute vielleicht nicht mehr existieren würde.

Abbildung 6: Auch kleine Unternehmen setzen Museen erfolgreich als
Marketinginstrument ein – Das Wäschereimuseum Berlin

Das Museum ist aber nicht nur eine Publikumsmaßnahme, die sich nach außen richtet. In Übereinkunft mit der Unternehmensleitung und der Personalabteilung können – soweit es die Zeit erlaubt – Gäste und Geschäftspartner regelmäßig durch das Museum geführt werden. Bei der Firma *Kraft Foods* mit Hauptsitz in Bremen hat es sich bewährt, neue Mitarbeiter in ihrer Einarbeitungsphase einen Tag lang eine Reise in die Vergangenheit antreten zu lassen, um in die historisch gewachsene Unternehmenskultur einzutauchen und dadurch ein Gefühl für die Bedeutung ihres neuen Arbeitgebers zu bekommen.

Die **Kosten für ein Unternehmensmuseum** sind ganz unterschiedlich. Bei einem Museum im Kleinformat kann der Aufbau einer Ausstellung nicht mehr als einige Tausend Euro kosten, wenn auf viele alte Gerätschaften und Unterlagen zurückgegriffen werden kann, ehemalige Mitarbeiter Ausstellungsstücke beisteuern oder auf teure Ausstellungstechnik inklusive Multimedia-Stationen verzichtet wird. Solche Museen leben vor allem von ihrer Originalität und der Liebe, die die Betreiber hineinstecken. Die Kosten für professionell ausgestattete Erlebnismuseen gehen dagegen in die Millionen. Der Betrieb des Museums ist ein anderer Punkt und hängt von Faktoren wie Öffnungszeiten, Personal oder der Miete für Räumlichkeiten ab. Auch hier fängt das Spektrum bei einigen Tausend Euro im Jahr an und geht fast bis ins Unendliche.

Museen und Ausstellungen müssen jedoch nicht nur im klassischen Sinne als überdachte, »abgeschlossene« Orte betrachtet werden. Historische Gebäude, Fabrikationsanlagen, ganze Standorte können zur Ausstellungsfläche gemacht werden. Diese Art der Ausstellung kann in Form historischer Unternehmenslehrpfade inszeniert werden. An Fabrikhallen und Verwaltungsgebäuden können Tafeln angebracht werden, die die Geschichte einer Firma oder eines Standortes erklären.

Eventkommunikation

Der historische Anlass, populärerweise das **Jubiläum,** kann für eine Vielzahl von Veranstaltungen genutzt werden. Neudeutsch sei das hier als Eventkommunikation bezeichnet. Darunter fallen u.a.:

• Tage der offenen Tür
• Festakte
• Fachkonferenzen

- Sponsoring-Events
- Mitarbeiterveranstaltungen
- Händler- und Kundenveranstaltungen am Point of Sale
- Presseveranstaltungen.

Events müssen sorgfältig geplant sein und brauchen je nach Ausmaß viele Monate an Vorbereitung. Der historische Anlass, Kommunikationsziele und die Zielgruppendefinition bestimmen die Art der Veranstaltung. Ist man sich darüber im Klaren, muss der Veranstaltungsort bestimmt werden. Z.B. findet der **Tag der offenen Tür** auf dem eigenen Firmengelände statt. Bei **Fachkonferenzen, Festakten oder Mitarbeiterveranstaltungen** können Räume außerhalb des Unternehmens die Besonderheit des Anlasses unterstreichen. So können diese Veranstaltungen in dem Ort stattfinden, indem ein Unternehmen gegründet wurde. Oder der Event wird in einer besonders interessanten Stadt organisiert, z.B. in Berlin oder einer anderen aufregenden Metropole, weil das mehr Aufmerksamkeit verschafft, als wenn in der Firmenzentrale in »Hintertupfingen« gefeiert wird. Die **Location** ist ein **ganz entscheidender Faktor für die Atmosphäre einer Veranstaltung.** Frühzeitig muss sie gebucht werden. Das sollte möglichst ein Jahr im Voraus geschehen.

> *Der Termin sollte so gelegt werden, dass er nicht mit Feiertagen, Messen, Kongressen, ähnlichen Veranstaltungen der Wettbewerber, Ferien etc. konkurriert.*

Das Motto für die Veranstaltung sollte Neugier wecken. Je nach Zielgruppe kann dieses Motto sachlich (100 Jahre Forschung bei der Muster AG – Verantwortung und Perspektiven) oder kreativ ausfallen (Eine Zeitreise in die Vergangenheit und zurück in die Zukunft. 100 Jahre Muster AG). Nach dem Motto richtet sich die Programmgestaltung. Eine Fachkonferenz bietet hochrangigen Wissenschaftlern eine Plattform und kann zum Renommé des Unternehmens beitragen. Eine Mitarbeiterveranstaltung ist ausgelassener, hier wird Musik gespielt und die Verpflegung spielt eine große Rolle. Eine Publikumsveranstal-

tung (Tag der offenen Tür) wird die Unterhaltung der Gäste in den
Vordergrund stellen.

*Wichtig ist, rechtzeitig den Kontakt zu Referenten, Künstlern, DJs etc.
zu suchen, die Abläufe der Veranstaltungen durchzugehen, Hilfskräfte
für Sicherheit, Einlass, Garderobe, Betreuung sowie Servicekräfte zu organisieren. Fragen zur Technik (Licht, Beschallung, Videobeamer, Mu-
sikanlage etc.), Beschilderung, Erreichbarkeit des Ortes etc. müssen genauso geklärt werden wie die Dekoration, Präsente für Gäste oder das
Catering. Es lohnt sich in diesen Fällen, mit externen Dienstleistern zusammenzuarbeiten.*

Das **Einladungsmanagement** ist oftmals sehr aufwendig. Adressen
müssen besorgt, Einladungen gedruckt und verteilt und der Rücklauf
der Antworten festgehalten werden, um genau zu planen. Danach
richtet sich die Planung für das Catering oder evtl. die Anzahl zu re-
servierender Hotelzimmer. Die Presse muss über die geplante Veranstaltung vorab informiert werden. Die Bewerbung kann darüber hinaus über Flyer, Plakate oder Anzeigen stattfinden.

Einen aufwendigen Event leistete sich z.B. die *Karlsberg Brauerei*
zu ihrem 125-jährigen Jubiläum mit einem riesigen Fest in Homburg,
dem Firmensitz. Am Vatertag verwandelte die Brauerei die Hombur-
ger Innenstadt in die größte Festmeile der Region. Unter dem Motto
»Happy Biersday – Feiern Sie mit uns!« wurde Karlsberg-Bier zum Ju-
biläumspreis von einem Euro verkauft. Über die gesamte Innenstadt
waren »Areas« verteilt, die thematisch unterschiedliche Programme
boten. Unter dem Motto »Mild oder wild?« wurde auf einer Bühne Pop
und Black Beat gespielt, auf einer anderen 60er-Jahre-Rock, um verschiedene Generationen anzusprechen. In Kooperation mit *Radio Salü*
kürte man den größten Karlsberg UrPils-Fan aller Zeiten. Ein historischer Handwerkermarkt, wie er vielleicht im Gründungsjahr 1878 aus-
sah, ergänzte das Unterhaltungsprogramm. An historischen Ständen
boten Handwerker (Töpfer, Wagner, Korbflechter etc.) ihre Waren an.
Ein nachgebildeter historischer Brauausschank von Karlsberg wurde
so in eine authentische Kulisse versetzt. Zusätzlich wurde eine Karls-

berg-Sammlerbörse eingerichtet, auf der Memorabilien (alte Bierkrü-
ge oder Mini-Trucks) gehandelt und getauscht werden konnten. Der
Event war ganz klar als Publikumsaktion geplant und richtete sich an
den Endverbraucher.

*Abbildung 7: Die Brauerei Karlsberg feierte ihren 125. Happy Biersday
als offenen Publikumsevent*

Die Berliner Werbeagentur *Dorland* feierte ihren 75. Geburtstag in einer ganz anderen Szenerie. Da die Geschichte der Agentur eng mit der
Geschichte des Bauhauses und vielen Bauhauskünstlern, die bei Dorland arbeiteten, zusammenhängt, schien das *Bauhaus-Archiv* in Berlin
als beste Location für den Jubiläumsevent, zu dem Mitarbeiter, aber

vor allem auch Kunden und Medienvertreter eingeladen waren. Durch die geschlossene Veranstaltung stand der direkte Dialog mit diesen Gruppen im Mittelpunkt.

Eine ganze Serie von Veranstaltungen im 100. Jubiläumsjahr bot die *Deutsche Grammophon Gesellschaft*. Den Auftakt bildete ein Silvesterkonzert der Berliner Philharmoniker, es folgten ein großes Geburtstagsfest in Hamburg für Musiker, Mitarbeiterevents und eine Abschlussveranstaltung am Firmensitz in Hamburg.

Geschichtsvereine

Ein weiteres Instrument des History Marketing sind Geschichtsvereine, Historische Kommissionen im Unternehmen oder die Oldtimerclubs der Automobilbauer. Die Idee hierbei ist vor allem, das historische Interesse an einem Unternehmen zu institutionalisieren und die Verbundenheit zu einem Unternehmen über eine Mitgliedschaft in einem historischen Verein zu regeln.

Der »Verein« muss nicht eingetragen sein, kann alle möglichen Namen tragen und auch in Form eines informellen Stammtisches für interessierte Mitarbeiter stattfinden. Grundsätzlich wird man entscheiden müssen, welche Zielgruppen angesprochen werden sollen. Als internes Kommunikationsinstrument können Mitarbeiter und Ehemalige angesprochen werden. Damit wäre der Verein ein Mitarbeiterbindungsmittel und ein Forum, über das Unternehmenskultur vertieft und über die Mitglieder des Vereins in das Unternehmen getragen wird.

Geschickt ist es, Entscheider im Unternehmen, angefangen von aktuellen bis zu ehemaligen Geschäftsführern und Vorstandsmitgliedern, für den Geschichtsverein zu gewinnen. Die Entscheider im Unternehmen sind wie erwähnt eine der wichtigsten internen Zielgruppen des History Marketing. Aufgabe der Verantwortlichen aus dem Bereich des History Marketing ist es deshalb, **Formen der eigenen Vermarktung** zu finden, die **Rückhalt und die Integration im Unternehmen sichern**. Der Geschichtsverein ist neben regelmäßigen Artikeln in den Unternehmensmedien, Vorträgen etc. sicherlich die institutionalisierteste Form dieser Integration.

Ein leuchtendes Beispiel für diese institutionalisierte Form der historischen Öffentlichkeitsarbeit ist die *Historische Gesellschaft der Deutschen Bank e.V.* in Frankfurt/Main (siehe auch → www.bankgeschichte.de). Aufgabe der 1991 gegründeten *Historischen Gesellschaft der Deutschen Bank* ist es, die Geschichte des deutschen und internationalen Kreditwesens einer breiten Öffentlichkeit zu vermitteln. Die *Historische Gesellschaft* will daneben Tradition und zukunftsorientierte Konzepte verknüpfen; Unternehmensphilosophie und Unternehmensethik aufzeichnen und fortschreiben oder das Zusammengehörigkeitsgefühl der Mitarbeiter durch Stärkung des historischen Bewusstseins im wachsenden weltweiten Konzern fördern. Ihre Ziele verfolgt die Historische Gesellschaft durch Publikationen, Veranstaltungen, Exkursionen oder Ausstellungen. Im Vorstand des Vereins findet sich das »Who is who« der Führungsriege der *Deutschen Bank*. Die Gesellschaft ist grundsätzlich für jeden Interessierten offen. Mitglieder sind jedoch zu zwei Dritteln Deutsche Bank-Mitarbeiter. 1.200 **Mitglieder** sind es insgesamt bis heute, die einen jährlichen Mitgliedsbeitrag von zehn Euro oder einen Förderbeitrag von mindestens 60 Euro zahlen, womit die *Historische Gesellschaft* einen Teil der entstehenden Kosten für die verschiedenen Aktivitäten abdeckt. Das Beispiel der *Deutschen Bank* scheint Schule zu machen. Erst kürzlich gründete die *Dresdner Bank* anlässlich des 130. Jubiläums eine ähnliche Einrichtung unter dem Namen *Eugen-Gutmann-Gesellschaft* (siehe → www.eugen-gutmann-gesellschaft.de). Ziel ist auch hier, die Geschichte des Unternehmens sowie die allgemeine Bankengeschichte zu erforschen und ein Forum für aktuelle und ehemalige Mitarbeiter, aber auch andere Interessierte zu sein.

Ein anderes Beispiel institutionalisierter Geschichtspflege ist das der *Schering AG* (→ www.schering.de) und ihrer »Historischen Kommission«. Seit 1991 existiert diese Einrichtung, in der maßgebliche Gestalter der Schering-Geschichte zusammenkommen und an der Fortschreibung der Unternehmensgeschichte beteiligt sind. Die Mitglie-

der sind ehemalige Vorstände des Berliner Pharma- und Biotechnolo-
gieunternehmens sowie die beiden Mitarbeiter von Archiv und Museum. Alle sieben Wochen trifft sich die hochkarätige »HIKO« der *Sche-*
ring AG. Sie hat es sich zur Aufgabe gemacht, unternehmenshistori-
sches Wissen aus erster Hand festzuhalten, um Archivmaterial zu er-
gänzen und in einer Schriftenreihe zu publizieren.

Abbildung 8: Auf Oldtimer-Festivals liefern Renn- und Sportwagen
einen besonderen Auftritt

Ein weiterer Typus von Unternehmensvereinen lässt sich gerade unter
den Automobilbauern finden: **Oldtimerclubs.** Oldtimer haben ihre eigene Faszination, und nicht jedes Unternehmen produziert auch nur
annähernd so aufmerksamkeitsstarke Produkte wie *BMW* oder *Mer-*
cedes. Die »Vereinsmeierei« der Automobilbauer zu besprechen macht
aber dennoch Sinn, da deren Aktivitäten vorbildlich sind und Anregungen geben. Oldtimerclubs verbinden idealtypisch die Beschäfti-

gung mit Geschichte und aktuelle Image- und Markenpflege. Zu den Aktivitäten der Automobilclubs zählen Oldtimerrallyes, die Herausgabe von hochwertigen Mitgliederzeitschriften oder auch die Vermarktung von Merchandising-Produkten (Kalender, Schlüsselanhänger etc.). Beeindruckend ist die Zahl von weltweit 50 *Mercedes-Benz-Clubs* mit mehr als 130.000 Mitgliedern. Allein in Deutschland sind 10.000 Liebhaber in offiziellen *Mercedes-Benz-Clubs* organisiert, die nicht vom Unternehmen selber geführt, aber ideell unterstützt werden.

Die Frage an dieser Stelle ist, in welcher Form das Instrument der Geschichtsvereine auch von kleinen und mittleren Unternehmen eingesetzt werden kann?

Ein eingetragener Verein ist schnell gegründet, ohne dass große Kosten entstehen. Aufwendige Publikationen müssen nicht zwangsläufig zu den Aktivitäten historischer Unternehmensvereine gehören. Preiswert ist ein Newsletter, der regelmäßig (z.B. alle vier Monate) als E-Mail verschickt wird. Sind in kleinen oder mittleren Unternehmen keine Ressourcen zur Organisation größerer Veranstaltungen wie Vorträge oder Ausstellungen vorhanden, kann vieles in Kooperation mit anderen Partnern »gestemmt« werden. Lokale Geschichtsvereine finden sich fast überall in Deutschland, Österreich oder der Schweiz. Ansässige Museen und andere Kultureinrichtungen bieten sich genauso wie Hochschulen als Kooperationspartner an. Schafft man es, ehemalige Mitarbeiter für bestimmte Aufgaben oder einzelne Projekte auf ehrenamtlicher Basis zu gewinnen, steht einem funktionierenden »Vereinsleben« nichts im Wege. Also gemeinsam mit Kooperationspartnern und ehrenamtlich arbeitenden Vereinsmitgliedern können auch kleine und mittlere Unternehmen ohne großen Einsatz eigener Ressourcen das Instrument der Geschichtsvereine nutzen.

→ **Materialie:** *Vereinssatzung Historische Gesellschaft der Deutschen Bank e.V. (S. 183)*

Jubiläumsverkäufe

Jubiläumsverkäufe stellen ein weiteres Instrument des History Marketing dar und sind für Firmen interessant, die Endprodukte verkaufen oder damit handeln. Bei einem Jubiläumsverkauf lockt ein Unternehmen mit Sonderangeboten. Jubiläumsverkäufe fallen in Deutschland, Österreich und der Schweiz unter die unterschiedlich formulierten Gesetze gegen den unlauteren Wettbewerb (UWG) und weitere Verordnungen. Die für die Schweiz geltende Ausverkaufsverordnung ist z.b. aufgehoben worden, jedoch die Vorschriften des UWG und der Preisbekanntgabeverordnung sind nach wie vor zu beachten. In Deutschland wird die nachfolgend besprochene Regelung zu Jubiläumsverkäufen wahrscheinlich ab 2004 ebenfalls aufgehoben.

Genaue Fachauskünfte geben in Deutschland die IHKs, in Österreich und in der Schweiz die Wirtschaftskammern.

Ein Jubiläumsverkauf darf in Deutschland – interessanterweise – bislang nur zur Feier des Bestehens eines Unternehmens nach Ablauf von jeweils 25 Jahren durchgeführt werden. Rechtsgrundlage in Deutschland ist § 7 Abs. 3 Ziffer 2 des Gesetzes gegen den unlauteren Wettbewerb (UWG). Für die Zulässigkeit eines Jubiläumsverkaufs muss das Unternehmen kontinuierlich seit seiner Gründung seinen ursprünglichen Geschäftszweig gepflegt haben (hier gilt der so genannte Grundsatz der Unternehmenskontinuität), wobei ein neuer Firmenname, äußere Rechtsform oder Inhaberwechsel nicht die Unternehmenskontinuität beeinträchtigen.

In dem auf den Gründungstag folgenden Monat sollte der Jubiläumsverkauf beginnen. Das Vor-, Reinfeiern ebenso wie das Nachholen eines Jubiläumsverkaufs ist nicht anzuraten, da es auf Grund der Rechtspraxis Probleme geben kann. Ist das genaue Gründungsdatum nicht nachzuweisen, muss anhand vorliegender Akten die Gründung zumindest annähernd beziffert werden. Mehr als zwölf Geschäftstage darf der Verkauf laut Gesetz nicht dauern.

Außerhalb von Jubiläumsverkäufen darf ein Unternehmen in der

Werbung übrigens nur dezent sein Alter betonen. Vor allem im Zusammenhang mit der – grundsätzlich jederzeit zulässigen – Bewerbung von »echten« Sonderangeboten ist bei einem Hinweis auf eine
Jubiläumsfeier z.b. zum fünften Geburtstag Zurückhaltung geboten.
Bei Verbindung von solchen Jubiläumshinweisen mit der Gewährung
preisgünstiger Sonderangebote über das Normalmaß der ansonsten
üblichen Sonderangebotswerbung hinaus wird oft von einer unzuläs-
sigen Sonderveranstaltung ausgegangen. Dem werbenden Unternehmen droht dann eine kostenpflichtige Geltendmachung von Unter-
lassungsansprüchen Dritter.

Merchandising

Das Merchandising bezeichnet aus der Marketing-Perspektive die
Verwendung berühmter Storys, Figuren, Personeneigenschaften,
Ausstattungsmerkmale aus Literatur und Kunst durch Industrie und
Handel in Produktion und Vertrieb sowie der Werbung zur Populari-
sierung des eigenen Unternehmens. **Auch der eigene Unterneh-
mens- oder Markenname kann auf andere Produkte »übertragen«
werden.** Üblich sind T-Shirts oder Kugelschreiber, die als Werbegeschenke mit dem Schriftzug oder Logo eines Unternehmens oder einer Marke versehen sind. Im Sinne des History Marketing sind Merchandising-Produkte Postkarten, Kalender oder Plakateditionen mit
historischen Werbemotiven. Oder: Miniaturen von historischen Verpackungen als Schlüsselanhänger. Autohersteller vertreiben Spiel-
zeugmodelle historischer Fahrzeuge. Der Zwieback-Hersteller *Brandt*
z.b. verkauft Grußkarten im Miniaturformat von Brandt-Werbeblech-
schilder mit Motiven aus dem Jahre 1929 bzw. 1955 (Preis: 5 Euro).
Auch *Henkel* macht sich die Persil-Nostalgie und Traditionskraft der
Marke zu eigen und vergibt Lizenzen zur Verwendung historischer
Persil-Werbemotive für Blechschilder oder Spielzeug.

Abbildung 9: Henkel macht sich die Persil-Nostalgie zu eigen

Abbildungen 10 und 11: Audi nutzt das Merchandising zur Imagepflege

Typische Merchandising-Produkte sind auch Nostalgieverpackungen *Brandt* bietet z.B. in seinem Online-Shop (→ www.brandt-zwieback. de) eine Nostalgie-Dose mit der Zwieback-Abbildung von 1955 an, die – so der Werbetext – »genau das Richtige für Wirtschaftswunder-Kinder« sei. Eine weitere Brandt-Jubiläums-Dose mit nostalgischem Motiv wurde anlässlich des 90-jährigen Firmenjubiläums im Jahre 2002 herausgebracht. Die aufwendig gestaltete Dose zeigt den gold-geprägten historischen Brandtschriftzug. Verkauft werden die Dosen, die beliebte Sammlerobjekte sind, zu einem Preis von knapp sieben Euro inklusive Porto und Verpackung.

Publikationen (Print und Multimedia)

Publikationen gehören zu den gängigsten Maßnahmen des History Marketing. Festschriften sind bereits seit dem 19. Jahrhundert beliebt. Doch muss die Festschrift nicht immer die einzige und vor allem geeignetste Publikation zu einem historischen Anlass sein. Je nach Zweck und Zielgruppe sollte das Medium ausgesucht werden.

> *Neben klassischen Printpublikationen sollte man da auf jeden Fall die Möglichkeiten multimedialer Darstellungen auf CD-ROM oder im Internet bedenken.*

Kann auf eine unbelastete Unternehmensgeschichte zurückgeblickt werden, bietet sich die gesamte Bandbreite literarischer bzw. medialer Verarbeitungen dieser Geschichte als Print- oder Multimediapublikation an. Die Tonalität dieser Publikationen kann dann sogar witzigironisch ausfallen – je nach Kommunikationsziel und Zielgruppe. So kann die Unternehmensgeschichte als Comic visualisiert werden und viele Anekdoten enthalten. Eine literarische Darstellung in Akten oder die Geschichte als Roman ist ebenso eine ansprechende Idee, die allerdings nur geübte Autoren übernehmen können. Der Einsatz von Bildern oder Bewegtbildern macht eine Geschichte anschaulich und plastisch. Eine Publikation, die ausschließlich aus audio-visuellem Material besteht (z.B. ein Bildband oder interaktive CD-ROM) ist eine Alternative zu Festschriften.

Je nach Zielgruppe oder Anlass ist es jedoch angebracht, ernsthafte und wissenschaftlich aufbereitete Informationen über sein Unternehmen zu vermitteln (also mit Fußnotenapparat, quellenkritischer Darstellung etc.). Eine Aktiengesellschaft, die Anleger mit einem Comic zu ihrer Geschichte beglückt, wird nicht unbedingt die Ernsthaftigkeit ihrer Anliegen vermitteln können, wenn das Kerngeschäft nicht zufällig etwas mit Comics zu tun hat oder es sich um ein jüngeres, »lifestyliges« Unternehmen handelt. Erst recht muss eine Firmengeschichte allen wissenschaftlichen Standards entsprechen, wenn es um die Darstellung zweifelhafter Geschäftspraktiken wie bei den herrenlosen Vermögenswerten bei den Schweizer Banken geht. In einem solchen Falle wird man am ehesten auf eine klassische Printpublikation zurückgreifen und Autoren aus der Wissenschaft beauftragen.

Nachfolgend werden verschiedene Publikationsarten vorgestellt.

Printpublikationen (Jubiläumsschrift/Broschüre)

Eine Jubiläumsschrift, die verbreitetste Publikationsform bei historischen Anlässen, kann ein Buch in hochwertiger Ausstattung und 500 Seiten Umfang oder auch nur eine kurze Imagebroschüre sein. Bei ausführlicheren Buchpublikationen kommen in der Regel die Honoratioren eines Unternehmens in Vorworten und Grußworten zur Sprache. Unter Umständen schreiben Vertreter aus der Politik – Bürgermeister oder auch Ministerpräsidenten – eine Grußbotschaft. Es folgt dann der darstellende Teil, ein Bildteil, Tabellen von den Namen aller Vorstandsvorsitzenden oder Geschäftsführer, Mitarbeiter- und Umsatzentwicklungen im Laufe der betrachteten Zeit, Adressen oder Literaturverzeichnisse. Es gibt hier wie gesagt keine strenge Regel.

Bildmaterial lockert Texte immer auf und lässt sie nicht als Bleiwüste erscheinen. Geeignet sind in der Regel alte Fotografien von Fabrikgebäuden und Mitarbeitern. Besonders dekorativ und ansprechend sind alte Werbematerialien. Sie sind bunt und unterhaltsam.

Die als Text gefasste Geschichte kann **chronologisch** oder **thematisch** dargestellt werden. Der chronologische Ansatz bietet eine klare Erzählstruktur. Die *Florena Cosmetic GmbH* aus Waldheim brachte 2002 ein knapp 70-seitiges Buch unter dem Titel »150 Jahre Pflegekompetenz. 1852-2002. Eine Waldheimer Erfolgsgeschichte« heraus, das ganz klar der Chronologie der Firmengeschichte entspricht und die Ereignisse Jahr um Jahr erzählt. Der journalistisch geschriebene

Text wird mit einer Fülle von Bildmaterial und einigen Infokästen ergänzt und wendet sich an ein breiteres Publikum. Ein solcher Text fordert keine übermäßige Aufmerksamkeit vom Leser, es müssen keine Fäden selber zusammengesponnen werden und alles entspricht einer klaren Linearität.

Eine andere Variante chronologischer Darstellungen sind Chroniken in tabellarischer Form unter Erwähnung der Jahreszahlen und der dazu passenden Entwicklungen im Unternehmen. Ein gelungenes Beispiel dafür ist die Chronik der Firma *Henkel* zum 125-jährigen Bestehen im Jahre 2001. Für jedes ereignisvolle Jahr der Firmengeschichte gibt es in der Chronik eine Spalte zur Firmenentwicklung in Deutschland und im Ausland, eine Spalte mit Informationen aus Forschung, Technik und Produktion, Produkte und Vertrieb sowie eine Spalte für Mitarbeiterinformationen. Die Geschichte späterer Henkel-Töchter – wie z.B. *Schwarzkopf* – ist in blauer statt schwarzer Schrift in diese Systematik integriert. Eine Chronik erlaubt eine sehr komprimierte, überblicksartige Darstellung und stellt keine großen Ansprüche an die erzählerischen Qualitäten des Autors. Andererseits animiert eine Chronik aber auch nicht zu einer wirklichen Lektüre und zum Schmökern. Sie ist eher ein Nachschlagewerk.

Im Gegensatz zum chronologischen Ansatz erlaubt der **thematische Ansatz**, bestimmte Kontexte im größeren Zusammenhang zu sehen. Die *Werner & Mertz GmbH* z.B. hat zum 100. Geburtstag der Marke *Erdal* eine knapp 150-seitige Publikation unter dem Titel herausgegeben »100 Jahre Erdal. Die ganze Welt der Schuhpflege. 100 Jahre Markenqualität im Zeichen des Frosches«. Gegliedert ist die Publikation nicht nach der strengen Chronologie, sondern nach den Themenbereichen Markengeschichte, Unternehmensgeschichte, 100 Jahre *Erdal*-Werbung, Objekte – Verbraucher – Kunst – Kultmarke, *Erdal* Produkte und Produktion, Vertrieb und Verkaufsförderung, *Erdal* ohne Grenzen (ein Abriss der Expansionsgeschichte von *Erdal* und ein Kapitel über die Menschen, die *Erdal* machen), Gut gerüstet für die Zukunft (hier wird die Geschichte mit dem Blick nach vorne verbunden und die Perspektiven des Unternehmens behandelt).

Abbildung 12: Cover der Erdal-Festschrift

Eine ganz eigene Darstellung wählte die *Maggi GmbH* mit dem Buch »Magginalien von A bis Z«, das 1997 aus Anlass des 100. Geburtstages von *Maggi* in Deutschland herausgegeben wurde. Diese aufwendig ausgestatte Publikation mit 106 Seiten, Leineneinband und einer Maggi-Flasche aus Metall als Lesezeichen kommt als Lexikon der Maggi-Welt daher. Unter jedem Buchstaben werden Produkte, allgemeine Informationen und Unternehmensgeschichte behandelt wie A = Arbeitsordnung, Arbeitsplätze, Asia Nudel Snack und Z = Zutaten, Zusatzstoffe. In dem Lexikon kommen die Namen der Firmengründer und besondere Ereignisse unter dem jeweiligen Stichwort vor. Ergänzt wird das Buch durch einen kurzen historischen Abriss und am Ende durch eine Zeittafel.

Die Kosten und der Aufwand für Publikationen hängen ganz entscheidend von Qualität und Umfang der Texte, Layout, Papier,

Druck oder Vetrieb ab. Richtzahlen können deshalb hier kaum gegeben werden, allerdings Hinweise darauf, wie man Kosten minimiert,
etwa dadurch, dass man preiswertes Papier auswählt, freie Grafiker
engagiert oder bei kleinen Auflagen sich für Digitaldrucke entscheidet. Allein das kann schon einige Tausend Euro sparen.

> *Besonders interessant für kleine Auflagen von Büchern ist das Publish-*
> *ing-on-Demand oder Printing-on-Demand, bei dem selbständig eine di-*
> *gitale Druckvorlage als PDF bzw. Postscript-Datei erstellt, über das In-*
> *ternet verschickt und innerhalb von fünf bis zehn Tagen gedruckt wird.*

Der Druck für eine Jubiläumsschrift mit 150 Textseiten und 50 Bildsei-
ten im Vier-Farbdruck, einer Auflage von 250 Stück, mit Klebebindung
und Broschurumschlag kostet bei dem Dienstleister KDD (→ www.
kdd-online.com) gerade einmal 2.200 Euro zzgl. Mehrwertsteuer. Pro
Exemplar sind das 8,79 Euro – ein unschlagbarer Preis für ein Buch
mit Kleinstauflage. Diese Publikationsform kommt **insbesondere für
kleine und mittlere Unternehmen** in Frage, die Kosten sparen, aber
nicht auf ein klassisches Buchformat verzichten möchten und nur einen relativ kleinen Kreis von Mitarbeitern, Geschäftspartnern und
Kunden mit der Festschrift bedienen wollen. Hinzu kommen aber natürlich noch die Kosten für Recherchen, die Texterstellung oder die
Druckvorlagenherstellung.

Bei großen Unternehmen und entsprechenden Finanzmitteln lohnt
sich jedoch die Zusammenarbeit mit professionellen Autoren, Grafi-
kern und Verlagen sowie der Vertrieb des Buches über den normalen
Buchhandel. Die Kosten für Konzept, Text, Grafik, Produktion und Vertrieb über den Buchhandel (was z.B. die Anmeldung einer ISBN-Nr.
voraussetzt) können dann – z.B. bei einer Auflage von ca. 2.500 Exemplaren, Hardcover, 250 Seiten und Vierfarbdruck – leicht auf
50.000 Euro und mehr steigen. Billig ist das nicht, aber eine hochwertige Buchpublikation ist diesen Preis wert und **kann über Jahre in der
Öffentlichkeitsarbeit des Unternehmens eingesetzt werden.**

Historische Themen in Kunden- oder Mitarbeiterzeitschriften

Die einfachste Möglichkeit, um historische Informationen zu verbreiten, sind unternehmenseigene Publikationen. Ob Kunden- oder Mitarbeiterzeitschriften, fast jedes Unternehmen verfügt über ein Medium, in dem Unternehmensgeschichte Platz hat. Selbst ein Aushang am schwarzen Brett ist dafür geeignet. In den unternehmenseigenen Medien können anlässlich eines Jubiläums redaktionelle Inhalte platziert oder unabhängig von einem konkreten Anlass sogar feste Rubriken eingerichtet werden. Als Themen eignen sich alle möglichen oder unmöglichen Begebenheiten aus der Unternehmensgeschichte. Produkteinführungen oder Patentanmeldungen werden zum Thema, aber auch historische Mitarbeiterbiografien können ihren Reiz haben und einen persönlichen Zugang zu Arbeits- und Lebensverhältnissen ganzer Mitarbeitergenerationen ermöglichen. In einer Serie unter dem Motto »Heute vor 50 Jahren« lassen sich endlos viele Geschichten schreiben.

Multimediapublikationen

Bereits sehr verbreitet sind **Online-Features** zur Geschichte, die viele Unternehmenswebsites unter der Rubrik »Über uns« (oder wie auch immer der Button zur Unternehmensdarstellung heißt) bieten. Mit Online-Features zur Unternehmensgeschichte sind Web-Applikationen gemeint, die Unternehmensgeschichten und ergänzende Quellen wie Fotos oder historische Anzeigen interaktiv und spielerisch präsentieren. Der Limonadenhersteller *Afri-Cola* präsentiert z.B. neben einer Firmenchronik auch alte Werbefilme aus den letzten Jahrzehnten (siehe → www.afri-cola.de unter dem Menüpunkt Historie und Werbefilme). Aufwendig gestaltet ist die Internetpräsentation von *Coca-Cola.* Unter dem Menüpunkt »Mythos Coca-Cola« werden alle zwei Wochen neue historische Exponate der Coke Collection präsentiert und neben der Unternehmensgeschichte viele weitere Geschichten um das Produkt *Coca-Cola* erzählt (siehe → www.coca-cola-gmbh.de).

Eine rein textliche, chronologische Darstellung nutzt zwar die Möglichkeiten des Internet nicht ansatzweise aus, ist aber immerhin besser als gar nichts (grafisch sehr ansprechend sind die historischen Darstellungen von → www.frankenbrunnen.de oder dem Bankhaus Sal. Oppenheim unter → www.oppenheim.de). Insgesamt ist heute die Unternehmensgeschichte als Teil der Unternehmensdarstellung unverzichtbar bei Internetauftritten.

Abbildung 13: www.afri-cola.de – Unternehmensgeschichte

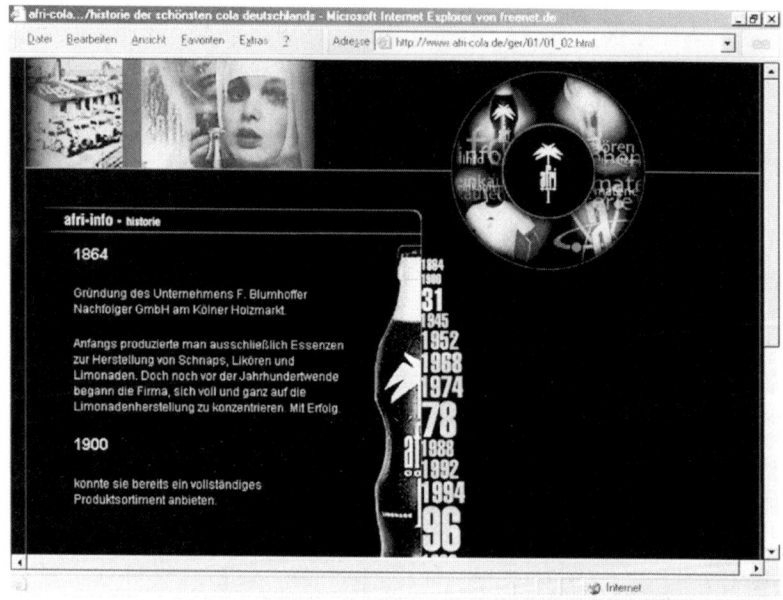

Abbildung 14: www.coca-cola-gmbh.de – Unternehmensgeschichte

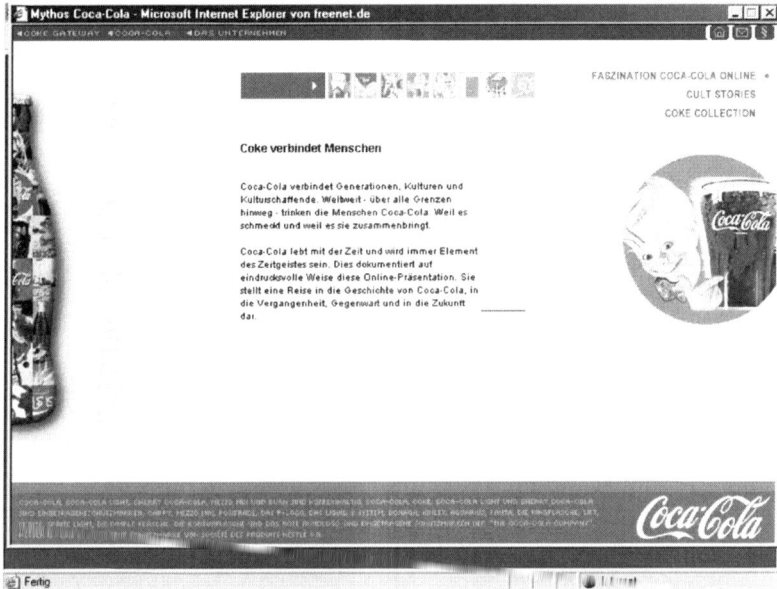

Abbildung 15: www.frankenbrunnen.de – Unternehmensgeschichte

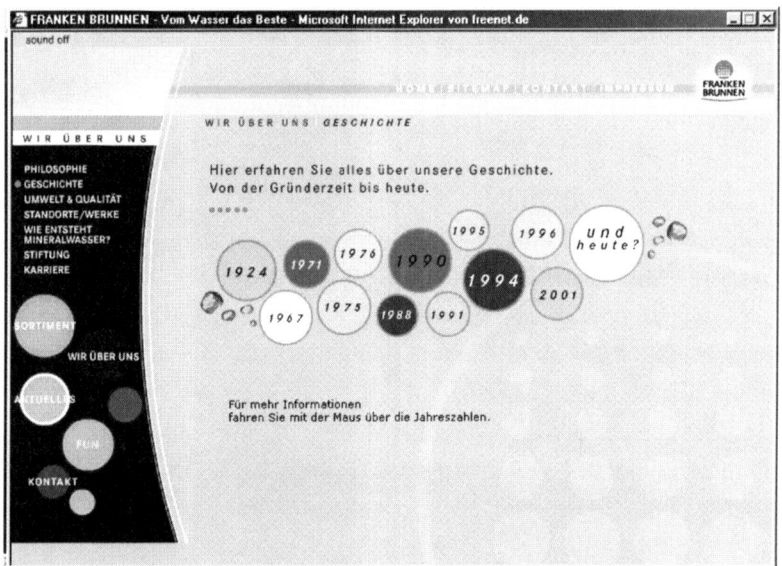

Abbildung 16: www.oppenheim.de – Unternehmensgeschichte

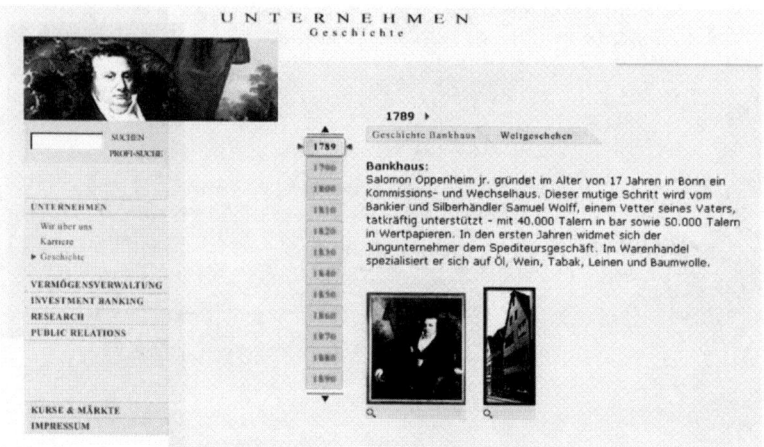

Mit Multimediapublikationen sind auch **CD-ROMs** gemeint. Virtuelle Ausstellungen zur Unternehmensgeschichte lassen sich auf diesem Medium hervorragend verwirklichen. Unternehmen wie *Kraft Foods* in Bremen oder die *Historische Gesellschaft der Deutschen Bank* haben gute Erfahrungen damit gemacht. Die Firmenarchivarin von *Kraft Foods*, Bärbel Kern, hat in Zusammenarbeit mit der hausinternen Abteilung Grafik und Design eine virtuelle Ausstellung zur Geschichte der Schokolade auf CD-ROM produziert, die im Anschluss an eine reale Ausstellung im Unternehmen entstand. Auf der interaktiven CD-ROM sind erklärende Texte und viele historische Bilder sowie Werbemotive hinterlegt. Die Kosten dafür hielten sich in Grenzen und beliefen sich auf ca. 8.500 Euro bei einer Auflage von 800 Exemplaren. Auf der aufwendig gestalteten CD-ROM »Deutsche Bank 1870-1999 – Calendarium«, die von der *Historischen Gesellschaft der Deutschen Bank* produziert wurde, sind Tondokumente und Bewegtbilder aus der Geschichte der Bank zu hören und zu sehen. Ein interaktives Quiz zur Unternehmensgeschichte ergänzt diese Multimediapublikation und verleiht ihr einen zusätzlichen spielerischen Aspekt.

Abbildung 17: Cover der CD-ROM Geschichte der Schokolade
von Kraft Foods

Abbildung 18: Cover der CD-ROM zur Geschichte der Deutschen Bank

Stiftungsdozentur/-professur für Unternehmensgeschichte

Eine sehr prestigeträchtige, wenn auch kostenaufwändige Form der Geschichtspflege sind Stiftungsdozenturen oder -professuren für Unternehmensgeschichte oder Themen, die im weitesten Sinne mit der Geschichte eines Unternehmens zu tun haben. Die *Wella AG* leistet sich das z.B. mit einer Stiftungsdozentur an der TU Darmstadt. Die *Alfried Krupp von Bohlen und Halbach-Stiftung* finanziert eine C-4-Professur für Theorie und Geschichte bilddokumentarischer Formen einschließlich des Industriefilms an der Ruhruniversität Bochum. Eine Dozentur oder Professur im geisteswissenschaftlichen Bereich kann allerdings pro Jahr inklusive Personal- und Sachkosten zwischen 100.000-250.000 Euro kosten und ist ein Instrument, das v.a. von Großunternehmen genutzt wird.

Werbung mit Geschichte

Der Hinweis auf das Alter eines Unternehmens in Verbindung mit dem Logo auf dem Briefpapier, in Unternehmenspublikationen oder auf Verpackungen etc. ist die einfachste werbliche Maßnahme, um mit der Historie auf sich aufmerksam zu machen. Meist wird das durch den kurzen Zusatz »seit 1885« o. ä. signalisiert.

Konzeptionelle Werbung mit Geschichte wird darüber hinaus gemacht, wenn Jubiläen anstehen. So feierte *Volvo* »50 Jahre Volvo Kombi« und kommunizierte in einer Broschüre »Schöne Kombis haben Zukunft. Und Herkunft.« In einer Anzeige wurde darüber hinaus ein historisches und ein aktuelles Volvo-Kombi-Modell abgebildet, um die Tradition seiner Vorreiterrolle bei diesem Autokonzept deutlich zu machen. Der Hamburger *Juwelier Wempe* schrieb in seinen Anzeigen zum Jubiläum, dass er seit 125 Jahren Experte für Liebe und andere komplizierte Dinge sei, und verkaufte dazu limitierte Jubiläumsuhren als Sonderaktion. Der Berliner Lebensmittelhändler *Otto Reichelt* machte in einer Plakatserie auf den Berliner Straßen deutlich, dass er seit 100 Jahren »mit Herz und Schnauze« für die Berliner da sei.

    Bei Produkteinführungen spielen die Geschichte und die Erfahrungen von Unternehmen ebenso immer wieder eine Rolle. Das Beispiel *Porsche* und die Markteinführung des Geländewagens *Cayenne* wurde bereits erwähnt. In Anzeigenserien machte der Sportwagen-

Abbildung 19: 65 Jahre Musterring

Abbildung 20: 125 Jahre Juwelier Wempe

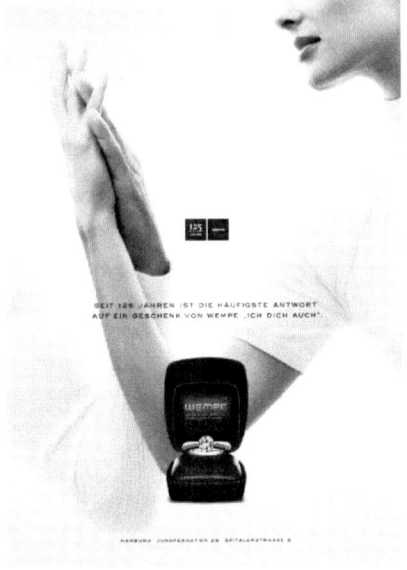

Abbildungen 21, 22 und 23: Chrysler-Anzeigen

hersteller deutlich, dass er seit Jahrzehnten Know-how bei Ralleys gesammelt habe. *Skoda* machte das ähnlich, als das neue Oberklassemodell *Superb* eingeführt wurde. Als Hersteller preiswerter Klein- und Mittelklassewagen hatte das zum Volkswagenkonzern gehörende Unternehmen mit seinem neuen Modell ein Imageproblem. Gelöst wurde es, indem darauf hingewiesen wurde, dass *Skoda* bereits vor dem Krieg eine lange Tradition bei der Herstellung hochwertiger Automobile hatte. Ein Oberklassemodell aus den 1930er Jahren war sozusagen der Beweis für die Premium-Kompetenz von *Skoda*. *Bentley* betont zur Abgrenzung gegenüber *Rolls-Royce* seine Rennsportvergangenheit bei den 24-Stunden-Rennen von Le Mans. Andere Automarken wie *Maybach* oder *Bugatti* konnten erst durch den Rückgriff auf die Geschichte wiederbelebt werden und erschienen dadurch nicht als No-Names.

Hinter der Werbung mit Geschichte steht immer wieder die Strategie, seine Erfahrungen zu kommunizieren und darüber das Vertrauen der Konsumenten zu gewinnen und Glaubwürdigkeit aufzubauen.

Dieser Aspekt spielt insbesondere bei hochwertigen Produkten eine Rolle, die einen hohen Anschaffungswert haben. In der Automobilindustrie ist dieser historische Ansatz in der Werbung sehr verbreitet, lässt sich aber auch auf andere Bereiche übertragen.

Presse- und Medienarbeit im Rahmen des History Marketing

Der Ansatz des History Marketing beinhaltet, alle Aktivitäten nach innen und außen proaktiv zu kommunizieren. **Erstens** hat das einen imagebildenden Effekt und ist im Interesse des Unternehmens. **Zweitens** erwartet die Öffentlichkeit, dass sich Unternehmen als offen kommunizierende Akteure verhalten und sich zu gesellschaftlichen Fragen positionieren – und das verlangt eine aktive Presse- und Medienarbeit auch in Bezug auf unternehmenshistorische Themen.

In Zukunft wird es evtl. Aufgabe der Unternehmenshistoriker oder Archivare sein, Pressemitteilungen zu verfassen, Gastkommentare zu schreiben oder Medienkooperationen zu organisieren – oder zumindest in Zusammenarbeit mit der Presseabteilung daran mitzuwirken.

> *Presse- und Öffentlichkeitsarbeit besteht vor allem in Kontakttätigkeiten und der fachgerechten, verständlichen Kommunikation von Informationen und Anliegen eines Unternehmens. Für diese Arbeit sind organisatorische und journalistische Fähigkeiten erforderlich.*

Es soll hier nicht die Aufgabe sein, das Thema erschöpfend darzustellen (ergänzende Literatur siehe im → Serviceteil). Allerdings können einige grundsätzliche Arbeitsinstrumente der Presse- und Öffentlichkeitsarbeit vorgestellt werden: Zum einen sind das die Pressetexte, zum anderen die Organisation von Pressekontakten mittels Pressekonferenzen oder Medienkooperationen.

Pressemitteilungen sind die Basistexte der Presse- und Medienarbeit. Sie haben immer einen aktuellen Anlass, wie z.b. eine Ausstellungseröffnung oder die Herausgabe einer Publikation. Sie sollten eine knappe Headline und eine erklärende Subheadline enthalten, die bei den Medien Interesse und Neugier weckt. Nach einem Absatz beginnt der eigentliche Text der Pressemitteilung mit der sogenannten Spitzmarke, in der Ort und Datum genannt werden. Wenn nicht schon in der Headline bzw. Subheadline werden dann im Text alle wichtigen **W-Fragen** (wer, was, wann, wo, wieso) beantwortet. Wird der Text, der der Wichtigkeit nach von oben nach unten abnehmen sollte, länger, können Zwischenüberschriften eingefügt werden, die den Text strukturieren. Eine Pressemitteilung von 20 Zeilen braucht in der Regel keine Zwischenüberschrift. Am Ende der Pressemitteilung muss immer ein direkter Pressekontakt genannt werden. Presseankündigungen, Presseinformationen sowie Presseberichte sind sozusagen Subarten der Pressemitteilung und unterscheiden sich auf Grund der Textlänge. Eine Ankündigung weist nur kurz z.B. auf eine Ausstellungseröffnung hin, wogegen ein Pressebericht ausführlicher ist und mehrere Seiten umfassen kann.

Ergänzende Pressematerialien sind sogenannte **Factsheets**, die in

tabellarischer Form die wichtigsten Daten z.B. zur Unternehmenge-
schichte oder zu dem Thema einer Ausstellung benennen.

Als Grundausstattung sollten Unternehmen auch ohne aktuellen
Anlass Pressetexte zur Geschichte des Unternehmens, des Gründers,
der wichtigsten Produkte und Entwicklungen erstellen. Diese **Basis-
pressemappe zur Unternehmensgeschichte** deckt inhaltlich wahrscheinlich einen Großteil der externen Anfragen zur Historie ab, auf
die dann schnell reagiert werden kann.

Weitere Textsorten sind **Gastartikel in Zeitungen oder Fachzeit-
schriften**, die aber aufgrund des Aufwands immer erst mit Kontakt-
personen in den relevanten Redaktionen verfasst werden sollten.

Fotomaterial ist in der heutigen Zeit von entscheidender Wichtigkeit.
Ohne Bildmaterial können die Print- oder auch Online-Redaktionen
nichts mit einem Ereignis anfangen. Wenn also auf die Gründung eines Unternehmens aufmerksam gemacht werden soll, ist es unerlässlich, entsprechendes Bildmaterial über Gründer, Firmensitze etc. mit-
zuliefern. Für das Radio oder Fernsehen sind entsprechend **Tondokumente** und **Bewegtbilder als so genanntes Footage-Material** für
Beiträge interessant.

Eine Pressemitteilung ist schnell geschrieben, das A und O ist jedoch:
An wen gehen die Mitteilungen, Factsheets und die aus dem Archiv
hervorgeholten Fotos aus alten Zeiten? Es muss klar überlegt werden,
wer das **Zielpublikum** für eine Pressenachricht ist. Danach richtet
sich die Auswahl der Medien, die angesprochen werden. Das heißt:
Ein traditionsreiches Uhrmacherunternehmen wird zum runden Jubiläum einer Produktlinie seine Pressemitteilung nicht an die Lebens-
mittelzeitung verschicken. In Frage kommen vielmehr Fachpublikatio-
nen der Branche sowie Publikumsmedien, die von der jeweiligen
Käuferschicht gelesen, gesehen oder gehört werden. Das Uhrmacherunternehmen wird also seine Pressemitteilung an hochwertige Life-
Style-Magazine verschicken. Handelt es sich bei der Produktlinie um
eine Damenuhr, kommen insbesondere die einschlägigen Frauen-
magazine als Zielmedien in Frage.

Sind die Zielmedien für eine historische Information definiert, muss entschieden werden, welche Redaktion und welcher Redakteur als Ansprechpartner und Empfänger der Pressemitteilung sinnvoll erscheint.

Das Schlimmste, was passieren kann, ist, eine Pressemitteilung an eine allgemeine Faxnummer einer Zeitung oder einer regionalen TV-Station zu schicken. In den meisten Fällen geht sie dann unter.

Bleiben wir bei dem Beispiel des Uhrmachers. Die Politikredaktion einer Tageszeitung wird wenig Interesse an einer Damenuhrkollektion haben. Hier kommen Wirtschafts- oder sogar Kulturredaktionen in Frage. Auch bei den Life-Style-Magazinen sollte man sich erkundigen, welcher Redakteur für das kommunizierte Thema zuständig sein könnte. Sind all diese Daten bekannt, werden die Presseinformationen gezielt verschickt. In einer **telefonischen Nachfassaktion** können die entsprechenden Redakteure noch einmal direkt im persönlichen Gespräch auf ein Thema aufmerksam gemacht werden. Bestehen bereits gute Kontakte zu den Medien, reicht ein Telefonat oft aus, um zu erfahren, ob ein Thema für die Redaktion interessant ist oder nicht.

Tödlich ist es, aufdringlich darauf zu bestehen, dass über ein bestimmtes historisches Thema berichtet wird, weil man selber von dessen Bedeutung absolut überzeugt ist. Im Umgang mit den Medien sollte Fingerspitzengefühl bewiesen werden.

In den meisten Fällen wird die PR-Abteilung der Unternehmen über entsprechende Adressen und Presseverteiler verfügen. Ist das nicht der Fall, können aktuelle Presseverteiler auch gekauft werden (ein bekannter Anbieter von Adressen ist z.B. der *Zimpel-Verlag* → www. zimpel.de).

Eine ganz andere Form der Kontaktaufnahme zu den Medien ist die **Medienkooperation.** Hier wird ein Medium ganz gezielt und exklusiv angesprochen, um z.b. eine regelmäßige Rubrik zur Geschichte eines Unternehmens einzurichten. Das funktioniert meist nur, wenn das Unternehmen eine besondere Bedeutung für die Zielgruppen des Mediums hat. Medien, die für diese Art von Kooperation in Frage kommen, sind meist kleine Lokalblätter, die froh sind, von den Archiven ein wenig Content geliefert zu bekommen. Ein Beispiel dafür ist das Archiv der *Mannesmannröhren-Werke AG*, dessen Leiter, Prof. Dr. Horst Wessel, in einer Lokalzeitung alle 14 Tage eine Geschichte aus der Mannesmann-Geschichte erzählt. Kooperationen können sich auch auf einzelne Veranstaltungen, Konferenzen etc. beziehen und zeitlich begrenzt sein.

Erfolgskontrolle

Wie bei allen anderen Kommunikationsinstrumenten muss berechtigterweise auch beim History Marketing gefragt werden: Nice to have it – aber was bringt mir das an messbarem Erfolg? Und: Wie messe ich die Wirkung des History Marketing?

Es gibt für das History Marketing keine eigenständigen Evaluationsmethoden. Vielmehr eignen sich **etablierte Controlling-Tools der Kommunikationsbranche,** die mit gängigen Evaluationsmethoden aus dem Museums- und Ausstellungsbereich verknüpft werden. Dieser Abschnitt wird nur eine allgemeine Einführung geben und die Vorgehensweise einer Evaluation erklären.

Ausgangspunkt einer jeden Evaluation ist die Situationsanalyse, bei der der Ist-Zustand gemessen und definiert wird. Davon ausgehend wird ein Soll-Zustand als Zielvorgabe festgelegt. Also die Frage lautet: Wo sind wir jetzt? Wo wollen wir hin? Bei einem Firmenjubiläum heißt das, z.b. den derzeitigen Bekanntheitsgrad des Unternehmens und Sympathiewerte zu formulieren. Dabei kann man feststellen, dass bestimmte Informationen nicht ausreichend in der Öffentlichkeit bekannt sind. Als Ziel des History Marketing kann dann eine größere Bekanntheit oder die Kommunikation eines bestimmten Aspekts der Firmengeschichte definiert werden. So dient das Jubiläum dazu, sich als regionales Unternehmen stärker zu profilieren (Botschaft:»Seit 25 Jahren sind wir für Sie in der Region aktiv und sind für Sie da!«). Oder ein Jubiläum wird genutzt, um die Attraktivität als Arbeitgeber zu steigern (Botschaft:»100 Jahre Sozialleistungen und Partnerschaft«). Diese Botschaften sind die kommunikativen Ziele, nach denen sich die Auswahl der Instrumente richtet. Der Grad der Penetration der Medien und definierter Zielgruppen mit dieser Botschaft und die positive Resonanz darauf lassen auf einer ersten Stufe zumindest den Erfolg des History Marketing in den Medien nachvollziehen.

Die **Medienresonanz** als ein Aspekt der Evaluation ist einfach festzumachen. Sie zeigt auf, inwieweit die definierten Botschaften von den Medien berücksichtigt wurden. Praktisch heißt das, alle veröffentlichten Artikel in Print- und Online-Medien, TV sowie Radio aus Anlass eines Firmenjubiläums oder der Ausstellungseröffnung zu sammeln. Die Sammlung dieses Materials stellt noch keine Erfolgskontrolle dar, sie ist vielmehr die Grundlage. Das Sammeln des Materials setzt eine genaue Medienbeobachtung voraus, wofür es spezialisierte so genannte Clipping- oder Ausschnittdienste gibt (bspw. *Deutsche Medienbeobachtungsagentur* → www.ausschnitt.de). Diese Dienstleister lohnen sich in der Regel aber nur bei einer zu erwartenden landesweiten Berichterstattung. Ein mittelständischer Betrieb wird die drei bis vier Medien seiner Region auch selber durchforsten können.

Das **Medienmaterial wird quantitativ und qualitativ ausgewertet.** Die **quantitative Analyse** bewertet das Medienmaterial nach Länge der Beiträge, Platzierung, Art des Mediums, dessen Leserprofil und Auflage. Eine nach diesen Aspekten organisierte Matrix erlaubt ein erstes, differenziertes Bild über die Berichterstattung in den Medien.

Die **qualitative Analyse** bewertet die Tendenz der Berichterstattung, also: Kommt das Unternehmen und der historische Anlass positiv rüber? Sind alle wichtigen Aspekte in der Berichterstattung berücksichtigt? Über eine eigene Indexbildung kann den Berichten eine unterschiedliche Gewichtung zugewiesen und damit die Tendenz der

Berichterstattung übersichtlich tabellarisch verdeutlicht werden. Eine schriftliche Zusammenfassung schließt diese Arbeitsschritte ab.

Jährlich kann nach dieser Vorgehensweise eine **Pressedokumentation** zusammengestellt und im Anhang die quantitative sowie qualitative Analyse des Materials vorgenommen werden. Ergänzt um die schriftliche Zusammenfassung und als zusammengehefteter Reader kann die Dokumentation an Geschäftsführung oder PR-Verantwortliche im Unternehmen weitergereicht werden.

Die Medien stellen aber nicht die einzige Öffentlichkeit dar bzw. spiegeln nicht die Meinungen aller relevanten Zielgruppen.

Die Medienresonanzanalyse ist also nur ein Aspekt der Erfolgskontrolle beim History Marketing.

Der Erfolg eines sehr zielgruppenspezifischen Instruments wie eine historische Fachtagung kann in direkten Gesprächen erfahren werden. Bei größeren Projekten wie einer Ausstellung oder dem Betrieb eines Museums besteht die Möglichkeit, die Wirkung dieses Instruments systematisch durch standardisierte oder offene Befragungen zu erheben. Gästebücher sind ebenfalls bei Ausstellungen immer ein wichtiges und einfaches Mittel, um Meinungen und Bewertungen zu sammeln. Auf jeden Fall sollten Reaktionen auf das History Marketing in irgendeiner Weise dokumentiert werden.

Archive können die Nutzeranträge und ergänzende Fragebögen als Grundlage für eine regelmäßige Nutzerstatistik und Qualitätskontrolle auswerten. Oder es sollten alle mit dem eigenen Archivmaterial erstellten externen Publikationen eingefordert werden. Damit kann gegenüber dem Vorstand oder der Geschäfts- bzw. Abteilungsleitung argumentiert werden: Seht her, 380 Anfragen bzw. Nutzer gab es in diesem Jahr, in mehr als 15 Publikationen wird unser Unternehmen präsentiert, zwei TV-Dokumentationen haben wir mit unserem historischen Material betreut usw. Wer diese Zahlen regelmäßig aufbereitet, hat mindestens ein- oder zweimal im Jahr die Gelegenheit, intern auf sich aufmerksam zu machen und die Botschaft mitzuteilen: Hier im Archiv oder im Unternehmensmuseum passiert was, ich beteilige mich aktiv an der positiven Selbstdarstellung des Unternehmens.

Interview: Prof. Dr. Willi Diez
(Institut für Automobilwirtschaft, Nürtingen)

Prof. Dr. Willi Diez ist Leiter des Instituts für Automobilwirtschaft e. V. an der Fachhochschule Nürtingen in Baden-Würtemberg. Das Institut hat in den letzten Jahren zahlreiche Projekte zu Fragen des Automobilmarketings und des Automobilvertriebs für führende Hersteller durchgeführt. In seiner aktuellen Arbeit beschäftigt sich Prof. Diez u.a. auch mit dem Einsatz von Unternehmensgeschichte als Marketinginstrument.

Frage: Immer mehr Unternehmen sehen das History Marketing als Bestandteil ihres Kommunikationsmixes an. Die große Frage lautet jedoch: Lohnen sich die verschiedenen Maßnahmen des History Marketing in einem betriebswirtschaftlich nachvollziehbaren Sinne oder sind es eher die »weichen« Argumente, die hier zählen?

Prof. Dr. W. Diez: Zweifellos lässt sich keine stringente Beziehung zwischen dem Verkaufserfolg eines Unternehmens und dem History Marketing herstellen. Die Nutzung von Tradition wirkt auf das Markenimage und das Markenimage beeinflusst wiederum das Käuferverhalten positiv. Außerdem benötigt der Aufbau von Markenimage viel Zeit, meistens Jahre. Insofern darf man also von einem History Marketing keine kurzfristigen Markterfolge erwarten. Außer Frage steht jedoch, dass Marken mit einer großen Geschichte und einer effizienten Kommunikation dieser Geschichte markenpolitisch profitieren.

Frage: Aber welche praktisch anwendbaren Methoden der Erfolgskontrolle, die allgemein im Marketing bekannt sind, können auf das History Marketing übertragen werden?

Prof. Dr. W. Diez: Im Wesentlichen muss man hier mit Einstellungsmessungen handeln. Das heißt, dass ausgewählte Konsumenten nach vorgegebenen Imagedimensionen abgefragt werden. Dabei kann man dann erkennen, ob das History Marketing wirkt. Steigt beispielsweise die Glaubwürdigkeit einer Marke, wenn ein aktives History Marketing betrieben wird, hat man einen Indikator für seine Effizienz.

Frage: Glauben Sie aus Ihrer Erfahrung heraus, dass z.B. Unternehmensarchive oder Museen, die sich nicht an der Markenpolitik des Unternehmens und an betriebswirtschaftlichen Maßstäben von Erfolg und dessen Nachweis orientieren, eine Überlebenschance haben?

Prof. Dr. W. Diez: Ich will das nicht in die Kategorie Sein oder Nicht-Sein bringen. Worum es geht, ist, dass die Markenpolitik ein hochinteressantes Betätigungsfeld für Wirtschaftsarchivare sein kann, wobei dies natürlich nie ihr ausschließliches Aufgabengebiet wird. Nicht zuletzt die Gewährung von Budgets und Planstellen ist ja davon abhängig, dass eine Abteilung einen konkreten Leistungsnachweis für das Unternehmen erbringt. Die Markenpolitik bietet sich dafür an.

Das firmeneigene Archiv ist der Dreh- und Angelpunkt des History
Marketing. **Ohne das Archiv** als Ressource für alle mit der Geschichte
zusammenhängenden Fakten **können die unterschiedlichen Instrumente des History Marketing nur mühsam angewendet werden.**
Dieses Kapitel soll Anregungen und erste Informationen geben, wie
vor allem kleine und mittlere Unternehmen ein Archiv aufbauen können. Die folgenden Ausführungen dienen somit als eine »Geburtshil-
fe«, damit mehr Unternehmen historische Quellen bewahren, zugänglich machen und nutzen können.

Zunächst aber: Was ist ein Archiv? Allgemein formuliert, ist es die Gesamtheit der Dokumente, die aus der Tätigkeit oder dem Geschäfts-
gang einer natürlichen oder juristischen Person entstanden und zur
dauernden Aufbewahrung bestimmt sind. Zweitens wird als Archiv die
Institution bezeichnet, deren Kernaufgabe es ist, dieses Schriftgut
aufzubewahren, zu ordnen und zugänglich zu machen. Archive sind in
einem speziellen strukturellen und historischen Zusammenhang einer
Firma oder Person entstanden und deswegen einmalig. Wegen dieser
Einmaligkeit sind sie sehr wertvoll.

Archive kennt man in der Regel als staatliche oder kommunale
Einrichtungen. Daneben gibt es Kirchenarchive, die mit ihren Kirchen-
bucheinträgen für die Familienforschung unersetzliche Dokumente
zur Verfügung stellen. Auch Adelsarchive mit ihren oft jahrhundertealt-
ten Urkunden und Akten sind ein Spiegel der vergangenen Gesellschaft und deshalb für die regionale und überregionale Geschichtsforschung bedeutsam. Hier soll es jedoch um **private Wirtschaftsarchive und deren Bedeutung für profitorientierte Unternehmen** gehen. Wirtschaftsarchive sind relativ neu und erst seit rund hundert
Jahren im deutschsprachigen Raum vorhanden.

* in Zusammenarbeit mit Dipl.-Archivarin Tessa Neumann, Berlin

Unternehmensarchive

Das erste Unternehmen, das ein eigenes Archiv einrichtete, war Krupp in Essen im Jahr 1905. Anlass waren die Vorbereitungen des bevorstehenden 100-jährigen Firmenjubiläums für das 1811 gegründete Unternehmen. Heute gibt es im deutschsprachigen Raum schätzungsweise 350 Wirtschaftsarchive, also Unternehmensarchive, Branchenarchive, regionale Wirtschaftsarchive, Archive von Kammern und Verbänden – eine insgesamt noch geringe Anzahl.

Idee und Zweck eines Archivs ist es, Erinnerung zu konservieren, Vergangenes nachzuvollziehen und sich selbst seiner Rolle als Unternehmen in der Gesellschaft zu vergewissern. Das hat erst einmal ganz praktische Hintergründe. Zum Beispiel werden Verträge zur eigenen Rechtssicherheit aufbewahrt. Daneben gibt es eine Vielzahl weiterer Dokumente, die aufbewahrt werden müssen oder können. Fakt ist, dass die Verrechtlichung unserer Gesellschaft in den letzten zwei Jahrhunderten enorm zugenommen hat. Entsprechend gewachsen sind damit auch die Dokumentationsaufgaben eines Archivs. Die Beziehungen der Menschen untereinander, dann die Beziehungen zwischen Bürger und Staat oder Arbeitnehmern und Arbeitgebern, Kunden und Geschäftspartnern sind schließlich durch eine Vielzahl von Gesetzen, Abkommen und Verträgen geregelt, die meist schriftlich fixiert werden. Und seit der industriellen Revolution des 19. Jahrhunderts und sowieso nach dem Zweiten Weltkrieg ist dieses Schriftgut in kaum überschaubarer Menge vorhanden und muss folglich professionell gemanagt werden.

Das Schriftgut, das aus den vielen sozialen Beziehungsgeflechten entspringt, ist das **klassische Sammlungsgut von Archiven**. Werden diese Dokumente für den laufenden Geschäftsverkehr oder aus juristischen Gründen nicht mehr benötigt, stellt sich die Frage, ob und wozu man sie weiter aufheben sollte. Es ist die Frage nach der Archivwürdigkeit alter Dokumente, die ganz unterschiedlich beantwortet werden kann. Man hebt alte Dokumente aus politischen, administrativen oder eben historischen Gründen auf. An dieser Stelle kommt man dann zurück zur Frage des ersten Kapitels dieses Buches: Wozu History Marketing? Dessen Sinn ist erläutert worden.

Drei Punkte sollen hier zusätzlich und vertiefend als Plädoyer für das Unternehmensarchiv angeführt werden. Das scheint angebracht, weil Unternehmen im Gegensatz zu staatlichen Institutionen, für die es verschiedene Archivgesetze gibt, keinerlei Verpflichtungen haben, ein Archiv zu unterhalten. Dennoch: Ein Wirtschaftsarchiv hat dreifachen Nutzen. Das Archiv ist erstens eine interne Servicestelle für das eigene Haus, lässt sich zweitens für das Marketing nutzen und drittens ist es für die Geschichtsforschung unersetzlich.

Zum ersten Punkt: Das Archiv ist als interne Servicestelle eine Art »Nachschlagewerk« von rechtsnachweisenden und rechtssichernden Unterlagen wie Verträge, Patente, Gebrauchsmuster etc. Es gibt auch Auskunft über Altlasten, Gebäudenutzung oder arbeitsrechtliche Angelegenheiten. Diese damit zusammenhängenden Einzelinformationen müssen schnell und zuverlässig aufbereitet werden können. Im Notfall sparen sie Unternehmen sehr, sehr viel Geld. Darüber hinaus können rückblickende Analysen der Unternehmenspolitik – rekonstruiert anhand von Archivmaterial – eine Firma beim wirtschaftlichen Erfolg unterstützen: Um auf dem schnellen Markt bestehen zu können, muss eine Firma sich ständig selbst hinterfragen. Zur Auswertung vergangener Geschäftserfolge oder Verluste wird das Archiv z.B. für das Erstellen von Statistiken herangezogen. Bei der Lösung aktueller betrieblicher Probleme ist es sinnvoll, auf vergangene Erfahrungen zurückzugreifen. Das Ziel von Archivarbeit ist hierbei die Verdeutlichung von Handlungszusammenhängen, die immer historisch gewachsen sind. Auch die schonende Weiterentwicklung von Marken kann nur mit Wissen über bisherige Designs, Geschmacksmuster oder Marktpositionierung erfolgreich sein. In Analogie zum Begriff des History Marketing ist die Archivarbeit in diesem Kontext als History Consulting zu bezeichnen.

Die zweite Nutzungsart ist die Bereitstellung von Informationen für das Marketing. Dazu zählt u.a. auch die Aufarbeitung der eigenen Geschichte und damit das Wahren von Qualität und Tradition. Wie man mit Geschichte Öffentlichkeit herstellt, wird ausführlich noch im Praxisteil beschrieben.

Drittens: Auch ein Wirtschaftsarchiv ist nicht zuletzt Quelle für die historische Forschung. Es ist Träger wissenschaftlicher, wirtschaftlicher und sozialer Information und kann Wissenschaftlern oder Journalisten geöffnet werden. Deren Arbeit ist am Ende als ein Beitrag für die eigene Öffentlichkeitsarbeit zu sehen.

Der erste Schritt: Bestandsbildung

Wenn ein Archiv entsteht, muss als erstes ein Bestand dafür gebildet werden. Ein Archivbestand ist eine Einheit von Akten, die in einer gemeinsamen Verwaltung entstanden ist. Der Archivbestand speist sich aus den Aktenbeständen der einzelnen Unternehmenseinheiten. Je nach Umfang des im Archiv zusammengeführten Bestands muss dieser nicht unbedingt aufgeteilt werden – in der Regel, wenn der Gesamtbestand aus nicht mehr als zehn oder 20 laufenden Meter Akten besteht (ein laufender Meter Akten ist eine Art Maßeinheit im Archiv und bezeichnet die Menge Schriftgut, die nebeneinander gestellt auf einer Breite von einem Meter und einer Höhe von ca. 30 cm im Regal Platz findet). Bei kleinen Firmen kann ein Bestand also den gesamten Umfang des Schriftguts enthalten. Bei einer großen Firma wird der gebildete Bestand gemäß der Unternehmensstruktur untergliedert. Die einzelnen Bestände des Archivs heißen dann z.B. Schmitt Speditionen, Personalabteilung, 1945-1990 oder Schmitt Speditionen, Vertrieb, 1945-1990 usw.

Bestände werden grundsätzlich nach dem **Provenienzprinzip** gebildet. Provenienz heißt auf Deutsch »Herkunft«, und nach diesem Prinzip werden die Akten im Archiv geordnet. Es gilt also:

Organisationsstruktur des Unternehmens gleich Archivstruktur.

Die Organisationsstruktur spiegelt sich in Organisationsplänen, Personalplänen oder, wenn diese nicht vorhanden sind, auch einfach in Telefonlisten wider. Sie können als erster Anhaltspunkt für die Ordnung eines Archivs herangezogen werden. Neben Bestandseinheiten des Archivs, die sich aus der Organisationsstruktur ergeben, können unabhängig davon zusätzliche Bestände gebildet werden. Der Nachlass eines Vorstandsmitglieds, des Gründers der Firma oder eines bedeutenden Technikers können eine ergänzende Einheit bilden, die von den Akten der Abteilungen getrennt aufbewahrt werden kann. Daneben hat es sich als sinnvoll erwiesen, regelmäßig das Wissen von Mitarbeitern durch biografische Interviews oder Leitfadeninterviews festzuhalten. Diese Interviews können ebenfalls einen eigenen zusätzlichen Bestand bilden.

Gibt es keine ausgefeilten Organigramme oder taugt auch die Telefonliste nicht, um die Struktur des Archivs festzulegen, gilt allgemein Folgendes: »Leitungsebene«, »kaufmännischer Bereich« und »technischer Bereich« sind drei Ebenen, die man fast immer als Grundstruktur eines Archivs nutzen kann. Unter diesen Oberbegriffen lassen sich im Weiteren alle Abteilungen logisch zusammenfassen. Die Leitungsebene kann bei mittleren/größeren Firmen aus Vorstand und Geschäftsleitung bestehen, bei kleineren versteht man hierunter den Geschäftsführer und sein Büro. Der kaufmännische Bereich kann in die Bestände Sekretariat und Korrespondenz, Kasse und Buchhaltung, Einkauf und Materialverwaltung, Akquisition, Lohnbuchhaltung, Statistik und Kalkulation gegliedert werden. Der technische Bereich umfasst z.B. Konstruktion, Produktion, Gebäudeverwaltung oder die Lagerverwaltung. Diese Bereiche spiegeln sich im Archiv als Bestand.

→ Übersicht: Typische Archivstruktur eines mittleren Unternehmens

A Zentrale Verwaltung	Vorstand, Geschäftsleitung
B Verwaltung	B 1 Sekretariat und Korrespondenz
	B 2 Kasse und Buchhaltung
	B 3 Einkauf und Materialverwaltung
	B 4 Akquisition und Werbung
	B 5 Statistik und Kalkulation
	B 6 Personal

C Technischer Bereich	C 1 Konstruktion und Berechnungen C 2 Material- und Lohnauszüge C 3 Zeichnen und Pausen C 4 Fabrikation

Der zweite Schritt: Bewertung

Wenn die Struktur des Archivs und die Bestandsbildung geklärt sind, bleibt die Frage, was innerhalb dieses Rahmens ins Archiv übernommen wird. Seit der Industrialisierung stieg die Schriftlichkeit ins Unermeßliche. Deswegen ist eine **Konzentrierung auf die wesentlichen Inhalte** wichtig. Den Vorgang, rechtlich, verwaltungstechnisch oder historisch Wertvolles von Unwichtigem zu trennen, nennen die Archivare »**Bewertung**«.

Ziel der Bewertung ist die Reduzierung des Materials oder anders ausgedrückt die Miniaturisierung des Unternehmens im Archiv. Aufgehoben wird ein repräsentativer Ausschnitt, der die Tätigkeitsmuster des Unternehmens und seiner Abteilungen wiedergibt.

Eine Schwierigkeit liegt in der Größe eines Unternehmens und dessen Kommunikationsstrukturen: Je kleiner das Unternehmen ist, desto mehr wird zwischen den Mitarbeitern oder zwischen Chef und Mitarbeitern mündlich geregelt – auf dem Gang oder per Telefon. Deswegen ist es wichtig, Gesprächsnotizen anzulegen, um Prozesse auch nach Jahren noch nachzuvollziehen. Im Archiv landet schließlich nur, **was in irgendeiner Form materialisiert ist.**

Wie geht man bei der Bewertung vor? Die Verwaltung, in der das Schriftgut entstand, erstellt im Idealfall ein Ablieferungsverzeichnis über ihre abzugebenden Akten zur ersten Übersicht und als Nachweis, was aus welcher Abteilung wann ins Archiv kann. Dieses Ablieferungsverzeichnis enthält in Listenform das Aktenzeichen, die Abteilung, Inhalt sowie die Laufzeit. Außerdem sollte eine Spalte angefügt werden, in der die Abteilung selbst Vorschläge für die Archivwürdigkeit macht: »V« für »Vernichten« und »A« für »Archivwürdig«. Dadurch entsteht ein erster Überblick und es wird das Fachwissen der Abteilungen über deren Schriftgut genutzt, das der Archivar später für die richtige Einordnung und die Bewertung gut gebrauchen kann.

Es sollte generell bei der Bewertung eng mit der Entstehungsverwaltung zusammengearbeitet werden.

Ist kein Ablieferungsverzeichnis vorhanden oder scheint es zu aufwendig, ein solches zu erstellen, geht man von Abteilung zu Abteilung und klärt im Gespräch, was ins Archiv gehen kann. Solche Aktionen müssen durch die internen Medien (Newsletter, schwarzes Brett etc.) frühzeitig angekündigt werden.

Bei der Bewertung von Firmenschriftgut geht man nach der speziellen Firmenhierarchie vor. Dabei wird Schriftgut der obersten Ebene grundsätzlich und fast komplett aufbewahrt.

Hierzu gehören alle rechtlich vorgeschriebenen Organe wie die Gesellschafter- oder Hauptversammlung, die Geschäftsführung oder der Vorstand als Verwaltungsorgan sowie der Aufsichtsrat als Aufsichts- und Kontrollorgan, da dort die wichtigsten Entscheidungen getroffen werden. Hier laufen schließlich die Fäden im Unternehmen zusammen.

Dieses **hierarchische Vorgehen hilft** auch, **Doppelüberlieferungen zu vermeiden**. Das heißt: Wird vom Vorstand eine Weisung an untere Abteilungen gegeben, muss immer das Original an oberster Stelle aufgehoben werden. Die Abschrift, die in der unteren Abteilung ankommt, ist nicht relevant, es sei denn, es sind wichtige Vermerke darin vorhanden.

In den unteren Ebenen wird vieles nur kurzfristig aufbewahrt und nicht ins Archiv übernommen, wie Lieferscheine, Packzettel, Störungsbücher etc. Gründe für eine kurzfristige Aufbewahrung können auch die gesetzlichen Aufbewahrungsfristen sein. Spätestens nach dieser Frist können die meisten Unterlagen vernichtet werden, denn nicht jede Quittung, die für die Steuererklärung wichtig war, ist aussagekräftig für das History Marketing. Hier reicht es, das Ergebnis aufzubewahren, nämlich die Bilanz. Tägliche oder monatliche Berichte können aussortiert werden, wenn eine jährliche Zusammenfassung vorliegt. Berichte und Gutachten werden nur einmal aufbewahrt, entweder auf unterer oder oberer Ebene. Personalakten werden bei der Wirtschaft generell aufbewahrt, da aus ihnen ein wichtiger Teil der Firmengeschichte ablesbar ist und sie für die Klärung von Rentenansprüchen wichtig sind.

Ein weiteres äußeres Kriterium für die Bewertung der Archivwürdigkeit ist die **Laufzeit**. Akten von vor dem Jahr 1950 werden nicht vernichtet. Jede Information aus dieser Zeit ist aufschlussreich, da es insgesamt viel zu wenige Wirtschaftsunterlagen aus der Vorkriegszeit gibt.

Nicht nur Archivmaterial, welches die Struktur des Unternehmens beschreibt, oder Akten sind aufbewahrungswürdig. Auch äußere Kriterien eines Schriftguts können ausschlaggebend für dessen Aufbewahrung sein. Zum Beispiel machen schöne historische Briefköpfe oder Unterschriften einer bedeutenden Persönlichkeit Unterlagen interessant.

Ziel ist es also, das Wichtige, das Besondere, das Einmalige oder das Typische eines Unternehmens aufzubewahren.

Diese Entscheidung ist zum Teil sehr subjektiv. Im Ergebnis soll aber wie erwähnt ein repräsentativer Ausschnitt des Unternehmens herauskommen, der auch der Beurteilung der zukünftigen Nutzer standhält. Dieser Aspekt sollte immer im Auge behalten werden.

Um einen Überblick zu geben, werden im Folgenden einige Typen von Schriftgut aufgezählt, die in der Regel archivwürdig sind:

→ Übersicht: Typen von Schrift- und Archivgut

Ebene	Art von Schriftgut
Leitungsebene	Korrespondenzen, Aufsichtsratsprotokolle, Geschäftsberichte, Unterlagen zur inneren Organisation des Betriebs, Rechtsabteilung etc.
kaufmännischer Bereich	Unterlagen über den Einkauf, Finanz- und Steuerakten, ein- und ausgehende Handelsbriefe, Arbeitsanweisungen, Buchungsbelege, Geschäftsbücher (Haupt- und Nebenbücher), Eröffnungsbilanz, Bücher über Bargeldbestände. Personalakten, Sozialbereich, Lohnauszüge, Stellenplanung und -beschreibung, Preislisten, Werbematerial, Export, Messen, Ausstellungen etc.
technischer Bereich	Patentakten, Sachakten zur Planung der Fabrikation, technische Zeichnungen, Karten und Pläne, Entwürfe zu Produkten oder Maschinen und Produktionsanlagen, Gebäude (Grund- und Aufrisse) etc.

Neben den klassischen Akten gibt es weitere Typen von Archivgut, die hier kurz vorgestellt werden.

Geschäftsbücher sind ein weiterer Typus von Schriftgut. Zu den Geschäftsbüchern gehören außer den Haupt- und Nebenbüchern der Rechnungsführung auch Lohnbücher, Berichtsbücher der Fertigung sowie Materialbücher. Auch werden Protokolle von Sitzungen oftmals in Buchform geführt.

Abbildung 24: Historische Fotos

Dann gibt es **Karten/Pläne,** auch **technische Unterlagen/Zeich-
nungen.** Man unterscheidet dabei in Skizzen, Vorentwürfen und end-
gültigen Ausfertigungen. Zusätzlich zur Nennung des Titels sollten bei
Plänen u.ä. die Außenmaße, der Maßstab und, falls bekannt, der
Zeichner bzw. Konstrukteur bei der Verzeichnung erwähnt werden.

　　Seit dem 19. Jahrhundert wird die klassische schriftliche Überlie-
ferung durch andere Medien ergänzt. **Druckschriften, Fotos, Filme,
Anzeigen** oder **Verpackungsmuster** sind gerade für das History Marketing interessant. Seit den 1920er Jahren nutzten Unternehmen die
Fotografie ausgiebig für Dokumentations- und Werbezwecke. So gehören zum Archivgut Porträtaufnahmen, die die Belegschaft oder Ju-
bilare zeigen, Dokumentationen von Neu- und Umbauten und Produk-
tionsstätten. Fotos können in den Akten enthalten sein oder eine eigene Sammlung bilden. In Akten vorhandene Bilder sollten aus konservatorischen Gründen herausgelöst werden. Wer Zeit investiert,
vermerkt in der Akte, wo das Foto verblieben ist, und auf dem Foto,

wo es herkommt. Zusätzlich zur inhaltlichen Beschreibung sollte bei der Verzeichnung von Fotos auf folgende Informationen verwiesen werden: Format, Farbangaben (Schwarzweiß, Farbe), technische Beschaffenheit (Negativ, Positiv, Dia), Fotograf/Urheberrecht. Es kann auch eine Gruppenverzeichnung angewendet werden. Zum Beispiel »Einweihung des Firmengebäudes am 3.3.1970, 10 Fotos«.

Tonträger werden seit dem 19. Jahrhundert hauptsächlich zu Werbezwecken eingesetzt. Das audiovisuelle Archiv besteht aus Schallplatten, Tonbändern, Cassetten und CDs zu Werbezwecken.

Filme werden seit dem 20. Jahrhundert ebenso zu Werbezwecken als technische Lehrfilme und/oder zur reinen Dokumentation verwendet. Für die Benutzung sollten eine Arbeits- und Vorführkopie erstellt werden, um die wertvollen Originale zu schützen. Die bis 1950 auf Nitrozellulose-Basis produzierten Filme müssen umkopiert werden, da sie leicht entzündlich und für die dauerhafte Aufbewahrung nicht geeignet sind. Bei der Verzeichnung sind neben den inhaltlichen Angaben auch Format (16 mm o.ä.), Länge, Regisseur und Produzent zu nennen.

Seit den 1970er Jahren hält die **Elektronische Datenverarbeitung** Einzug in die Firmen. Dieses Medium wird eine immer größere Herausforderung für die Archivare. Es gibt zwei Möglichkeiten, elektronische Daten zu archivieren. Erstens kann man die Magnetbänder, Disketten oder ähnliche Speichermedien einlagern oder man stellt Ausdrucke auf Papier her und archiviert diese. Bei älteren Rechnern und Programmen sollte darauf geachtet werden, dass die Speichermedien regelmäßig auf die neuesten Datenträger und Programmversionen umkopiert werden, da sie sonst bald nicht mehr lesbar sind. Es sollte so früh wie möglich, nämlich schon beim Kauf von neuer Software, daran gedacht werden, wie man die Daten langfristig speichern kann.

Zum **Museumsgut** gehören alle dreidimensionalen Gegenstände im Archiv. Dies können **Werbetafeln, Verpackungen eigener Produkte** oder **Vorführgeräte** sein. Diese Objekte eignen sich besonders gut für das History Marketing,

Und zum Schluss: Das als nicht archivwürdig bewertete Schriftgut wird zur Vernichtung, im Fachjargon zur **Kassation** (wörtlich: »Ungültigmachung«), freigegeben. Dazu wird meist eine Firma beauftragt, die mit mobilen »Reißwolfanlagen« vorfährt und unter datenschutzrechtlichen Gesichtspunkten die Unterlagen noch auf dem Firmengelände zerstört. Bei kleineren Mengen kann auch der Reißwolf im Büro benutzt werden, es muss aber darauf geachtet werden, dass kein Unbefugter Zugriff auf diese Daten hat.

Der dritte Schritt: Erschließung/Verzeichnung

Das archivwürdige Schriftgut muss für die so genannte Verzeichnung vorbereitet werden. Verzeichnung bedeutet die Erstellung eines »Inhaltsverzeichnisses« vom Archiv. Neben der inhaltlichen Erschließung ist hier die konservatorische Behandlung wichtig. Das meint vor allem das Herauslösen der Akten aus dem Aktenordner und Umbettung in alterungsbeständige Mappen und Boxen. Dies ist nötig, weil Ordner rostendes Metall sowie säurehaltiges Papier enthalten, die auf Dauer das Schriftgut schädigen. Wichtig ist, dass alle Metalle vom Schriftgut entfernt werden, also auch Heftklammern und Büroklammern.

Zur Verzeichnung gibt es verschiedene Archivsoftwarelösungen.

Archivsoftware

Derzeit gängige Archivierungsprogramme sind z.B. midosaOnline, AUGIAS, FAUST. Auf folgender Website sind weitere Informationen zu Archivierungs- und Informationssystemen abrufbar → http://bak-information.ub.tu-berlin/software (dort findet sich ein Menüpunkt »Archivierungssysteme«)

Die gängigen Softwarelösungen setzen allerdings ein gewisses archivarisches Fachwissen bei der Benutzung voraus, so dass sie in Unternehmen, die keinen Archivar beschäftigen, nicht praktikabel sind. Stattdessen erleichtern einfache Datenbankprogramme die Organisation eines Archivs (z.B. MS Access). Viele kleine Bestände lassen sich allerdings auch mit den gängigen Textverarbeitungsprogrammen wie

MS Word erschließen. Im Gegensatz zu den früher verwendeten Karteikarten ist die Bearbeitung eines Archivs mit modernster Technik kein übermäßig großer Aufwand mehr.

Bei der Verzeichnung von Archivmaterial werden in der Regel folgende Informationen festgehalten:

• Signatur
• Titel
• Laufzeit
• Enthält-Vermerk
• Darin-Vermerk
• Umfang
• Vorsignatur/Aktenzeichen

Die drei wichtigsten Informationen bei der Verzeichnung sind Signatur, Titel und Laufzeit. Durch diese Angaben ist das Wiederauffinden einer Akte, das Wissen über den Inhalt und die zeitliche Einordnung gewährleistet.

Die neue **Signatur** wird aus einer Ziffer (numerisch) oder einer Kombination aus Buchstaben und Ziffern (alphanumerisch) gebildet. Ein einfaches Prinzip ist, jede Akte, so wie sie im Regal liegt, herauszuziehen, zu verzeichnen und mit einer Nummer zu versehen. Erst danach ordnet man – nur auf dem Papier – die Akten inhaltlich; diejenigen Akten mit ähnlichem Inhalt werden in einem Kapitel zusammengefaßt. So kann es sein, dass eine Akte, die physisch am Ende des Bestandes liegt, inhaltlich aber nach vorne gehört. Die Signaturen sind nicht mehr einheitlich durchgezählt (Springnummern). Möchte man eine Akte nach einer gewissen Zeit noch einmal benutzen, weiß aber nicht mehr, auf welcher Seite im Findbuch sie verzeichnet ist, kann eine Gegenüberstellung von Signatur und Seitenzahl (Konkordanz) helfen.

Eine Buchstaben-Ziffer-Kombination ist sinnvoll, wenn man schon an der Signatur deutlich machen möchte, um welche Art von Schriftgut oder Datenträger es sich handelt. Zum Beispiel erhalten Urkunden eine Kombination wie U 1, U 2, U 3 etc., Akten erhalten eine Signatur, die mit A 4, A 5, A 6 etc. beginnt, K 7, K 8, K 9 etc. steht für Karten und Pläne, B 10, B 11, B 12 für Bände – usw.

Kern einer Verzeichnung ist die Aufnahme von Titeln. Damit ist die inhaltliche Beschreibung des Akteninhaltes gemeint.

> *Der Titel muss kurz und prägnant den Inhalt der Akte umreißen. Bewährt hat sich der Nominalstil ohne Genitive und verschachtelte Nebensätze.*

Wenn ein Aktenplan oder Registraturangaben auf oder in den Aktenordnern vorhanden sind, können sie in den Titel übernommen oder als Anhaltspunkt genommen und eingearbeitet werden. Zu alte Titel können jedoch nicht einfach übernommen werden, sondern müssen in heutiges Deutsch übertragen werden. Falls man nicht auf die alten Angaben verzichten möchte, kann man diese in Klammern hinzusetzen. Am wichtigsten ist die Verständlichkeit für heutige Nutzer. Titel wie »Generalia« oder »Verschiedenes« sind nicht aussagekräftig. Es muss ein Hauptinhalt festgestellt und ggf. im Enthält-Vermerk ergänzt werden. Bei Korrespondenzakten wäre es natürlich wünschenswert, wenn jeder Korrespondenzpartner namentlich in der Titelaufnahme erscheint. Der Aufwand der Aufzählung ist jedoch meist größer als der spätere Nutzen einer schnellen Auffindbarkeit. Die Titel einer Akte können dann z.B. so aussehen: »Protokolle Vorstandssitzungen« oder »Anzeigenwerbung Deutschland«.

Die **Laufzeit**, der dritte wichtige Bestandteil einer Archivsignatur, bezeichnet die Entstehungszeit der Akte in Jahren. Maßgeblich sind hier das erste und das letzte Datum einer Akte. Sperrfristen regeln den Zugang zu jungen oder datenschutzrechtlich brisanten Akten. Personalakten sind mit besonderer Vorsicht zu behandeln. Sie dürfen in staatlichen Archiven erst zehn Jahre nach dem Tod oder – falls das Todesdatum nicht bekannt ist – 90 Jahre nach Geburt der betreffenden Person eingesehen werden. Generell gilt eine Sperrfist von 30 Jahren nach der Entstehung einer Akte. Dadurch wird gewährleistet, dass Vertrauliches nicht unkontrolliert nach außen gelangt. Im Unternehmensarchiv können und sollen jedoch individuelle Regelungen getroffen werden.

Soll bei der Verzeichnung der Inhalt genauer beschrieben oder ein nicht zu erwartender Inhalt genannt werden, erwähnt man solche Informationen im »Enthält-Vermerk«.

Von Vorteil ist es auch, wenn auf eine Bereicherung der normalen Verwaltungsakten z.b. durch Fotos, Pläne oder Druckschriften hingewiesen wird. Diese Besonderheiten erscheinen im »Darin-Vermerk«.

Neben der inhaltlichen Beschreibung können äußere Merkmale aufgenommen werden. Der Umfang einer Akte kann dem Benutzer vorgeben, welcher Arbeitsaufwand und welche Fülle von Informationen ihn erwartet.

Folgende Regeln gelten: Besteht eine Akte aus bis zu zehn Seiten, wird diese Seitenanzahl genannt. Darüber hinaus wird alles als ein Konvolut, 1 Faszikel (1 Fasz.) oder in Baden-Württemberg 1 Büschel (1 Bü) bezeichnet. Alle drei Begriffe können synonym verwendet werden und stehen allgemein für eine nicht näher definierte größere Menge Schriftstücke. Hefte (abgekürzt: 1 He.) und Bände (abgekürzt: 1 Bd.) können neben der groben Umfangsangabe auch noch die Seitenanzahl angeben.

Falls vorhanden, sollten Aktenzeichen als Vorsignaturen genannt werden, um alte Ordnungszustände rückwirkend nachvollziehbar zu machen.

Die Verzeichnung einer Akte sieht dann so aus (Muster-Titelaufnahme):

- Bestand D3 Schmidt Verlagshaus
- Signatur: A 233
- Titel: Auslandsvertretung Moskau
- Enthält u.a.: Anwerbung russischer Schriftsteller; Veranstaltung von Lesungen
- Laufzeit: 1925-1931
- Umfang: 9 Seiten
- Provenienz: Vorstand

Das Ergebnis der Erschließung wird im »Findbuch« zusammengefasst. Das ist – wie das Wort bereits nahelegt – ein Buch zum Auffinden von Inhalten. Es besteht im Idealfall aus einem kurzen Vorwort, das die Geschichte des Unternehmens/der Abteilung und des Bestandes (zumindest den Umfang des Bestandes in laufenden Metern, Gesamtlaufzeit, Kriterien der Bewertung, Datum der Ablieferung ins Archiv) berücksichtigt. Dann folgt in der Regel ein Inhaltsverzeichnis inklusive der Abfolge der Titel und ein Stichwortverzeichnis.

Der vierte Schritt: Suche nach Archivräumen (Bauliche und klimatische Grundsätze)

Im Idealfall sind in einem Archiv Räume für Magazin, Verwaltung und Benutzung getrennt. Wichtig sind vor allem die **Magazinräume**. Sie werden hier ausführlicher beschrieben: Sie sollten nicht weit von den Benutzungsräumen entfernt liegen, da jede klimatische Schwankung beim Transport von der Lagerung zur Nutzung den Alterungsprozess von Unterlagen fördert und im schlimmsten Fall den Verlust von Informationen hervorrufen kann.

Wie sollte ein Magazinraum also aussehen? Der Raum sollte als erstes kein Sonnenlicht erhalten. In die engere Auswahl kommt somit ein Raum, der auf der Nordseite eines Gebäudes liegt, ein trockener Kellerraum, oder ein Raum, der mit Spezialfolie abgedunkelte Fenster hat. Um das Eindringen von Ungeziefer (Insekten, Mäuse etc.) zu verhindern, soll der Raum so wenige Öffnungen nach außen haben wie möglich. Kleinere Öffnungen können durch feinen Maschendraht abgedichtet werden.

Das **Klima in Magazinräumen** ist wegen der Haltbarkeit von Archivgut ein wichtiger Punkt. Will man sein Archiv professionell einrichten, wird man diesen Aspekt besonders berücksichtigen. Die nachfolgende Tabelle gibt eine Übersicht zu den gängigen Richtwerten für Temperatur und Luftfeuchte:

→ **Übersicht: Klima-Richtwerte für Archivräume**

Temperatur	• 13-18° C • maximal 25° C
relative Luftfeuchte	• In der Regel: 40-65 % • ideal für Lagerung von Papier: 55 % • für die Lagerung von Fotomaterial: 35 %
Klimaschwankungen ideal	• Temperatur +/- 1° C • Luftfeuchte +/- 2-3 %

Diese Werte werden mit einem Thermohygrographen kontrolliert (Kostenpunkt: elektronische Handmessgeräte ca. 100 Euro oder Trommelschreiber ca. 350 Euro z.B. von Dieter Hebig Archivservice). Auch einige preiswerte Thermometer messen zusätzlich die relative Luftfeuchte. Es sollte regelmäßig – im Idealfall täglich – abgelesen werden, wie Temperatur und Feuchtigkeit liegen. Über einen längeren Zeitraum werden diese Werte notiert, um festzustellen, ob ein Raum sich für die Lagerung dauerhaft eignet. Falls eine zu hohe oder zu niedrige Luftfeuchte herrscht, kann das mit Luftbe- oder -entfeuchtern geregelt werden. Für kleine Budgets ist das nicht immer machbar, vor allem, wenn das Archiv aus einer Regalwand im Sekretariat besteht, also Teil der normalen Arbeitsräume ist. Hier muss dann pragmatisch gehandelt werden. Langfristig sollte jedoch eine professionellere Lösung für das Archiv gefunden werden.

Nicht nur an den Raum selbst, sondern auch an dessen **Möblierung** werden bestimmte Anforderungen gestellt. Die Regale sind ideal aufgestellt, wenn eine Luftzirkulation stattfinden kann. So wird Schimmel vorgebeugt. Offene Regale sind besser als solche mit geschlossenen Seitenverkleidungen. Die Regalböden dürfen keine Ecken, Kanten und Unebenheiten aufweisen, die beim Entnehmen und Einstellen von Unterlagen mechanische Beschädigungen hervorrufen könnten. Deswegen sollte nichts aus den Regalen hervorstehen. Neben fest installierten Regalen gibt es auf dem Markt bewegliche Regale, so genannte Fahrregalanlagen. Diese sparen Platz, da auf breite Gänge zwischen den Regalen verzichtet wird. Hierbei ist aber unbedingt die Statik des Gebäudes genau zu berechnen, denn Papier wiegt sehr viel. Als **Richtmaß** kann man **pro laufenden Meter ca. 50 kg** rechnen.

In den Magazinräumen oder in angrenzenden Räumen sollten auch große, stabile Tische für Verpackungs- und Ordnungsarbeiten vorhanden sein.

Abbildung 25: Archivverpackungen

Da es vorrangig um die Archivierung von Unterlagen aus Papier geht, muss über das **Medium Papier** noch einiges gesagt werden. Die Konservierungsarbeit beginnt schon vor der Übernahme ins Archiv. Viele Papiere, auch die meisten Drucker- und Kopierpapiere werden schon säurefrei hergestellt. Sie sind stark holzhaltigen Papieren vorzuziehen. Leider entstehen einige Säuren erst mit der Zeit, indem das Papier mit dem Sauerstoff der Luft reagiert. Auch nimmt Papier viele Verschmutzungen und Umwelteinflüsse auf. Ein Archivraum an einer

stark befahrenen Straße wäre verheerend für das Archivgut. Auch
Licht und Wärme beschleunigen die chemischen Prozesse im Papier.
Die **Verwendung von Umweltschutzpapier** ist nur bei offensichtlich nicht archivwürdigem Schriftgut empfehlenswert. Dies gilt bei
Kopien eigener Akten, Rundschreiben (davon nur eine Kopie auf Nor-
malpapier in die Akten). Dieses Papier ist schon oft durch Papiermüh-
len gegangen, aufgelöst und wieder geschöpft worden. Dieser Prozess macht die Fasern des Papiers so kurz, dass sie keinen reißfesten
Verbund mehr bilden und schon dadurch anfällig für äußere Einflüsse
werden. Zusätzlich sind in Umweltschutzpapier, da es aus Altpapier
besteht, sehr viel Druckerschwärze und Tinten enthalten, deren che-
mische Zusammensetzung sehr schädlich für das Papier ist.

Da auch säurehaltiges Papier zur Archivierung kommt und man
diese Tatsache rückwirkend nicht mehr ändern kann, muss das Ver-
packungsmaterial gut gewählt sein. Es sollte nicht nur säurefrei, sondern auch leicht alkalisch sein. Das heißt, dass es dem Archivgut zusätzlich die Säure entziehen kann. Denn Säure wandert so lange in
säurefreies Material, bis der Gehalt in beiden Seiten gleich ist.

Auch Archivkartons sollten säurefrei und alkaligepuffert sein und
dürfen kein Metall enthalten, das rosten kann. Falls die Anschaffung
von säurefreien Kartons zu teuer ist, können auch einfachere Kartons
verwendet werden. Dann ist es zwingend notwendig, die Akten in
säurefreies Schutzpapier zu verpacken, das die Säure aus den Kartons abfangen kann. Diese Kartons und Umschläge sollten nach einigen Jahrzehnten ausgetauscht werden.

Welche Verpackung braucht man für welches Archivgut?

→ Übersicht: Verpackungen für Archivgut

Umschläge für Papierakten	120g/qm (säurefrei und alkaligepuffert nach DIN-Norm)
Umschläge für Fotografien	• z.B. Spezialpapier »Silversafe« (säurefrei, nicht alkaligepuffert, frei von Schwefel, Chlorid und Lignin) • empfohlen werden vierlaschige Klappumschläge statt herkömmlichen Umschlägen
Verpackung für Negative	• Polyesterhüllen, Polyethylen oder Cellulose-Triacetat • ausgeschlossen sind Hüllen aus Pergamin (holzhaltig), PVC oder alle weichmacherhaltigen und beschichteten Kunststoffe

Besondere Lagerungsbedingungen gelten für **Pläne, Karten und großformatige technische Zeichnungen.** Diese sollten, wenn möglich, in speziellen Planschränken plangelegt werden. Sind dafür weder Platz noch Finanzierungsmöglichkeiten für die Anschaffung vorhanden, können diese Großformate auch gerollt und liegend gelagert werden. Um Druckstellen und Knicke zu vermeiden dürfen nur wenige Rollen übereinander gelegt werden.

Der fünfte Schritt: Archivpflege

Alle 30 bis 40 Jahre sollte in einem Archiv aufgeräumt werden bzw. neue Akten aus der laufenden Registratur ausgesondert und in das Archiv eingearbeitet werden. So lässt sich der Überblick behalten. Das Archiv ist so immer auf dem Laufenden und die jeweilige Arbeit auch zu bewältigen. Je länger ein Archiv ungeordnet bleibt, desto höher ist die Hemmschwelle, überhaupt einmal mit der Ordnung anzufangen. Auch der Zustand der Akten kann bei unprofessioneller Lagerung sehr leiden. Einmal fachlich korrekt geordnet, kann das Archiv vom firmeneigenen Personal weiter betreut werden. Es sollte jedoch ein »**Archivbeauftragter**« bestimmt werden, damit jeder Interessierte einen Ansprechpartner hat und die Kompetenzen geklärt sind.

Über den Verbleib des Archivs muss spätestens dann nachgedacht werden, wenn eine historische Phase zu Ende ist, z.b. bei Fusionen, Betriebsstilllegungen oder Konkursen, damit diese Unterlagen nicht verloren gehen und die Firmengeschichte nicht dem »Untergang« geweiht ist. Wir sollten davon ausgehen, dass die Nachwelt über unsere Zeit umfassend informiert werden möchte.

Hilfe leisten hier Branchenarchive oder die von den Industrieund Handelskammern in Deutschland betriebenen Wirtschaftsarchive. Auch staatliche Archive haben unter Umständen Interesse an der Übernahme eines abgeschlossenen Unternehmensarchivs.

Wer organisiert das Archiv? Die Ordnung des Schriftguts kann in einem kleinen Unternehmen entweder ein außenstehender Dienstleister oder ein firmenangehöriger »Geschichtsfuchs« oder langjähriger Mitarbeiter übernehmen. Im Falle der *Pelikan AG* in Hannover (Büro- und Schreibzubehör) ist es ein ehemaliger Mitarbeiter des Unternehmens, der mit viel Einsatz diese Aufgabe übernommen hat.

Aber: je größer ein Archiv ist, je länger eine Firma existiert, desto mehr geht es nicht mehr um das reine Wiederauffinden von Inhalten, sondern um eine komplexe logische Archivstruktur, die die Geschichte und den Typus eines Unternehmens widerspiegelt. In diesen Fällen ist die Hilfe eines Archivars nötig.

Der sechste Schritt: Nutzung

Auch über die externe Nutzung sollte man sich Gedanken machen. Je nach Bedeutung des Unternehmens wird es immer wieder Rechercheanfragen von Journalisten oder Wissenschaftlern geben. Diesen Wünschen sollte man offen gegenüberstehen.

Aber: **Lassen Sie Ihr Archiv immer nur unter Aufsicht benutzen!**
Unternehmensarchive sind private Einrichtungen. Im Gegensatz zu öffentlichen staatlichen Archiven, wo jeder, der ein Interesse glaubhaft macht, ein Recht auf Nutzung hat, können Firmen die Nutzung frei regeln. Erstellen Sie eine Nutzungssatzung und ein Anmeldeformular, das jeder Nutzer ausfüllen muss. Die Nutzung kann von der Zustimmung eines Verantwortlichen in der Firma abhängig gemacht werden, falls die Angst besteht, dass interne Unterlagen an die Öffentlichkeit gelangen. Es ist wichtig, alle Personen, auch Mitarbeiter zu registrieren, die Akten eingesehen haben. Weitere Aspekte zur Nutzung des Archivs und dessen Einbindung in das Marketing werden im folgenden Kapitel vorgestellt.

Folgende Materialien stehen als Muster im Serviceteil zur Verfügung:

→ *Muster: Benutzungsordnung eines Archivs (S. 190)*
→ *Muster: Verpflichtungserklärung für Archivbenutzer (S. 193)*
→ *Muster: Archiv-Entgeltordnung (S. 194)*

Kosten für das Unternehmensarchiv

Die Kostenfrage ist abhängig von der Professionalität, mit der man ein Archiv einrichtet oder führt. Die Kosten für einen außenstehenden Archivar, der einmalig Ordnung in die Bestandsstruktur bringt und die Akten ordnet und erschließt, ist je nach Ordnungszustand, Laufzeit und Umfang der Akten mit ca. 300 Euro pro laufendem Meter zu veranschlagen. Bedenkt man, dass man sonst eigenes Personal für diese Arbeiten freistellen müsste und der laufende Geschäftsbetrieb nicht optimal gewährleistet ist, rechnet sich diese Investition sehr schnell. Einzuräumen sind einmalige Kosten für Regale und Klimatisierung des Archivraums. Pro laufenden Meter Schriftgut kann man für die Verpackungskosten 25-30 Euro rechnen.

Die Kosten für die Archivpflege richten sich nach Umfang, Aufgaben und Wachstum des Archivs.

Ist es nicht möglich, ein eigenes Archiv zu unterhalten, können die historischen Unterlagen in das Stadtarchiv, das Staatsarchiv oder ein Wirtschaftsarchiv abgegeben werden. Hier werden Unternehmensakten gelagert und zugänglich gemacht, die für die Regional- und Wirtschaftsgeschichte relevant sind. Leider können staatliche Archive oftmals nicht alle Akten übernehmen. Zudem sind sie zum Teil an einer Übernahme nicht interessiert. Ratsam ist es dann, mit anderen branchengleichen Unternehmen ein gemeinschaftliches Archiv aufzubauen. Das spart Raum- und Organisationskosten.

Interview: Tessa Neumann (Diplom-Archivarin, Berlin)

Die Diplom-Archivarin Tessa Neumann ist eine Ausnahmeerscheinung in der deutschsprachigen Archivwelt: Sie ist selbständige Archivarin und Archivberaterin und betreut als externe Dienstleisterin auf Projektbasis Unternehmensarchive. Ihre Firma ArchivInForm (→ www.archivinform.de) hat ihren Sitz in Berlin.

Frage: Als freie Archivarin bewegen Sie sich auf einem Neuland. Wie sind Sie zur Selbständigkeit gekommen?

Tessa Neumann: Das Geschichtsinteresse boomt, doch es fehlt an fachlich ausgebildeten Ansprechpartnern in Sachen Archiv. Die öffentlichen Archive sind mit diesen Zusatzaufgaben, auch noch private Firmenarchive zu betreuen, überlastet. So habe ich mich entschlossen, den Sprung zu wagen. Die Nachfrage gibt mir Recht.

Frage: Was sind die Vorteile, wenn man mit Ihnen zusammenarbeitet? Also wieso soll ein Unternehmen Sie engagieren?

Tessa Neumann: Ich kann schnelle Hilfe leisten bei kleinen Fragen, die die richtige Lagerung von Schriftgut betreffen, ebenso wie bei der Betreuung kompletter Firmenarchive. Oft genug muß im Archivwesen unter Zeitdruck gehandelt werden, was niemand erwarten würde. Aber ist ein Raum erst einmal vollgestellt mit Akten und keiner weiß mehr ein noch aus, oder ein Firmenjubiläum steht an, so ist der Fachmann gefragt. Archivbestände müssen dahingehend bewertet werden, daß Platz gespart, also nur das Wichtigste aufbewahrt wird. Der zweite Schritt ist, den wichtigen Kern der Akten so zu erschließen, daß er für eine Jubiläumsschrift oder eine neue Werbekampagne genutzt werden kann. Interne Mitarbeiter mögen zwar oft inhaltliches Wissen über die Organisationsabläufe im Unternehmen haben, doch zusätzlich ist im Archivwesen Weitblick über die jetzige Situation hinaus nötig, um ein Archiv für vielfältige Zwecke und zukünftige Fragestellungen nutzbar zu machen. Oft fehlt den Unternehmen schlicht die Zeit und das Personal, um selbst tätig zu werden.

Frage: Wer sind Ihre Zielgruppen?

Tessa Neumann: Besonders die kleineren und mittleren Unternehmen brauchen Ansprechpartner für ihr Archiv. Sie sind traditionsbewußt und möchten ihre Geschichte bewahren und nutzen. Jeder, der ein paar Kartons alte Briefe oder Verträge besitzt, kann von mir Unterstützung bei der Aufarbeitung erwarten. Dabei bin ich im gesamten deutschsprachigen Raum tätig und kann sowohl vor Ort arbeiten als auch Akten in meinem Berliner Büro erschließen. Neben Unternehmen, Bankhäusern und Verbänden bin ich auch für Familien und Vereine tätig. Auch die öffentlichen Einrichtungen wie Museen oder Stadtarchive greifen gern auf meine Dienste zurück, da sie in Zeiten knapper Haushaltsmittel mit ihrem eigenen Personal neben den üblichen Verwaltungstätigkeiten nicht zur eigentlichen Erschließungsarbeit kommen.

Frage: Welche Dienstleistungen bieten Sie konkret an und wie sehen die Kosten dafür aus?

Tessa Neumann: Meine Dienstleistungen lassen sich in drei Bereiche aufteilen. Bei einer Vielzahl von Unterlagen sollten diese fachlich und historisch einwandfrei gesichtet werden. Hierzu bringe ich mein

Fachwissen und einige Erfahrung bei der Bewertung von Schriftgut mit. Danach wird ein Aktenbestand nach allen Regeln der Kunst erschlossen. Dabei entsteht ein Findbuch mit einer kurzen Einleitung zur Geschichte des Unternehmens und zum Aktenbestand. Stichwortregister machen die Suche nach Themen in den Schriftstücken schnell und einfach. Der dritte Teil meines Angebots betrifft Abschriften von alten Handschriften. Bis in die 20er Jahre des 20. Jahrhunderts wurde in Unternehmen überwiegend mit Hand geschrieben. Da viele Menschen diese Unterlagen heute nicht mehr lesen können, übertrage ich sie in Computerschrift. So sind diese wertvollen Dokumente für jeden nutzbar und verständlich, aber auch reproduzierbar und für die Zukunft gesichert.

Die Kosten für meine Leistungen können sehr unterschiedlich sein und ich möchte mich erst nach Besichtigung des betreffenden Schriftgutes festlegen. Bei der Vielfalt des Materials, des unterschiedlichen Ordnungs- und Erhaltungszustands sowie des Anspruchs der späteren Nutzer können die Kosten sehr differieren. Für einen »normal« geordneten Bestand rechne ich ab 200 Euro pro laufenden Meter Akten. Bei Abschriften hängt die benötigte Zeit von der Lesbarkeit und Schriftdichte auf dem Papier ab. Pro Originalseite können zwischen 3 und 5 Euro anfallen. Auf jeden Fall ist ein externer Dienstleister, der leistungsbezogen auf Projektbasis honoriert wird, preiswerter, als auf Dauer laufende Personalkosten tragen zu müssen.

Frage: Wie sieht die weitere Entwicklung Ihres Unternehmens aus?

Tessa Neumann: Bis jetzt konnte ich die Aufträge selbst bearbeiten. In Zukunft braucht die Firma ArchivInForm zusätzliche Mitarbeiter, um die Fülle der Anfragen zu bewältigen. Auch mit Historikern und anderen Dienstleistern wie zum Beispiel der Vergangenheitsagentur entsteht ein Netzwerk, das Dienstleistungen rund um Archiv und Geschichte bietet.

Teil III:
History Marketing als neues Berufsfeld

→ History Marketing als neues
Berufsfeld für Historiker und andere
Geisteswissenschaftler

Schon lange werden die Jobs für Geisteswissenschaftler in öffentlichen Kulturbetrieben oder in Hochschulen immer seltener. Nach neueren Untersuchungen finden z.b. nur rund ein Drittel aller ausgebildeten Historiker ein fachnahes Beschäftigungsverhältnis, womit sich die Frage stellt, wo der Rest bleibt? Mittlerweile haben sich **unterschiedliche Arbeitsfelder** vor allem **im Kommunikationsbereich** entwickelt, in denen Historiker und andere Geisteswissenschaftler ihr universitäres Know-how anwenden können. Zu diesen Arbeitsfeldern gehören z.b. der Journalismus, die Werbung, PR oder das professionelle Ghostwriting. Wie sich das History Marketing als Arbeitsmarkt entwickeln wird, lässt sich schwer einschätzen. Die folgenden Überlegungen skizzieren ein Szenario.

Clio – quo vadis?

Redet man über die Arbeitsmarktchancen von Geisteswissenschaftlern, redet man über deren Ausbildung. Und das eigentliche Problem bei deren Ausbildung ist Folgendes: Nach wie vor grenzen sich die universitäre Geschichtswissenschaft und andere geisteswissenschaftliche Fächer von der Praxis weitgehend ab. Zwar wird z.B. für angehende Lehrer an den meisten Universitäten Geschichtsdidaktik unterrichtet, die theoretisch auch auf den außerschulischen Bereich bezogen werden könnte, doch sie zielt heute noch ausschließlich auf den schulischen Einsatz ab. Ein Pendant zur amerikanischen so genannten **Public History,** bei der es um den Einsatz historischen Wissens für eine Vielzahl von Arbeitsbereichen außerhalb der Universitäten und Schulen geht, gibt es kaum. In den USA sind dagegen Studiengänge für Public History an über 60 Universitäten eingerichtet worden (einen Überblick zu einigen Public History Graduate Courses bietet → www. gradschools.com/listings/all/ history_public.html, oder auch → www. ncph.org). In den USA arbeiten als Folge der Ausbildung von Public

Historians seit den 1970ern Tausende Historiker in Geschichtsagentu-
ren, für Unternehmen, lokale Geschichtsvereine oder in den Medien.
Ausgebildete Public Historians sind darüber hinaus als Stadtführer
oder freie Autoren und in vielen anderen öffentlichen Bereichen tätig.
Die amerikanische Public History stellt per Definition die Praxisrele-
vanz der Geschichte in den Vordergrund und entspringt der systematischen Ausweitung geschichtsdidaktischer Theorie, Empirie und Praxis. Die amerikanische Public History hat es damit geschafft, Legitimi-
tät zu erhalten und zum festen Bestandteil der amerikanischen Geschichtskultur zu werden. Etliche Institutionen, Berufsverbände und
Informationsplattformen gibt es zur Public History in den USA (siehe
die Website des National Council on Public History → www.ncph.org,
das Online-Forum H-Public unter → www2.h-net.msu.edu/~public/
sowie die Zeitschriften Public History Review oder The Public Historian).

Eine gute Frage ist, ob und inwiefern die amerikanische Public History
ein Modell ist, das auf den deutschsprachigen Raum ausgedehnt
werden kann. Vieles spricht dafür und dieses Buch soll einen Beitrag
dazu leisten. Die Thesen gerade aus dem ersten und zweiten Kapitel
dieses Buches liefern einige Argumente dafür, dass das außeruniver-
sitäre und außerschulische Bedürfnis nach historischer Erkenntnis
wächst. Dem können die Universitäten Rechnung tragen, indem z.B.
praktisch ausgerichtete Kurse für Historiker angeboten werden, was
ein lohnenswerter Beitrag für die Professionalisierung der **Public History** im deutschsprachigen Raum wäre. Denn die entwickelt sich **als
Markt und Arbeitsfeld** erst langsam.

   Immerhin gibt es an der Universität Gießen im Fachbereich Ge-
schichte den Studienschwerpunkt »Fachjournalistik Geschichte«, der
mit seiner journalistischen Ausbildung für Historiker eine Art Public-
History-Ausbildung anbietet (siehe → www.uni-giessen.de/~g81001/).
An der Universität Bremen können Studenten Übungen zur Public
History belegen und sich darin prüfen lassen. Auch die Universität
Graz bietet am Institut für Wirtschafts- und Sozialgeschichte einen
Themenschwerpunkt unter dem Titel Public History (siehe → www.

kfunigraz.ac.at/wsgwww/oeff.html). Daneben entstanden sprunghaft seit Ende der 1990er Jahre eine ganze Reihe **historischer Agenturen,** von denen es ca. 30 im deutschsprachigen Raum gibt. Die dynamisch gewachsene historische Agenturszene ist sicherlich der beste Hinweis darauf, dass die Public History Fuß fasst und auch hierzulande Erfolgschancen hat.

Als Nische wird dieser Bereich in der Zukunft in wachsendem Maße Historiker in und außerhalb der Unternehmen, bei Verbänden, freischaffend oder in historischen Agenturen beschäftigen. Während deutsche Großunternehmen bereits eigene Abteilungen für historische Öffentlichkeitsarbeit eingerichtet haben (z.B. *Audi Tradition* oder *DaimlerChrysler Classic*), wird es in den nächsten Jahren wahrscheinlich dazu kommen, dass verstärkt auch mittelständische Unternehmen das History Marketing entdecken, Archive einrichten oder Museen eröffnen. Oder es werden Historiker als Berater für Filmproduktionen arbeiten, historische Lernspiele entwickeln und vieles mehr. Wie sich die Geschichtsagenturszene entwickelt, ob es zu Konsolidierungen oder zu weiteren Neugründungen kommt, wird ganz davon abhängen, ob es diese Dienstleister schaffen, in der Zukunft eben mehr als nur die klassische Festschrift auf dem Markt anzubieten. **Als Dienstleistungsportfolio ist die Festschrift und Firmenchronik nicht ausreichend, um dem Markt Wachstumsimpulse zu geben.**

Als Orientierungspunkt für den Markt in Deutschland, Österreich und der Schweiz können – trotz grundsätzlicher Unterschiede – erneut die USA dienen. Dort haben sich im Gefolge der Public-History-Bewegung seit den 1970er Jahren etliche History Consultants und Agenturen fest etabliert und beschäftigen (der Größe des amerikanischen Markts entsprechend) teilweise bis zu 45 Mitarbeiter. Zu den amerikanischen Marktführern des History Marketing zählt die Agentur *History Associates Inc.* (→ www.historyassociates.com).

Interview: James H. Lide (History Associates Inc./USA)

James H. Lide ist Director der International Division bei der amerikanischen Firma History Associates Incorporated (HAI). HAI ist eine historische Dienstleistungsagentur, die seit mehr als 20 Jahren existiert und Marktführer in den USA ist.

Frage: Der Markt für historische Dienstleistungen hat sich erst in den letzten Jahren in Deutschland, Österreich und der Schweiz entwickelt. Anstoß dazu waren sicherlich die Debatten über die Zwangsarbeit im Dritten Reich, die viele Unternehmen dazu brachten, sich ihre Geschichte genauer anzusehen. Im Gegensatz dazu hat der Markt in den USA ganz andere Wurzeln. Ihr Unternehmen, History Associates Inc. (HAI) z.B. existiert seit nunmehr über 20 Jahren. Was ist Ihre Entstehungsgeschichte?

James H. Lide: Die Entstehung von HAI und anderen so genannten Public-History-Unternehmen in den USA hat zwei unterschiedliche Hintergründe. Der eine war ein internes Problem innerhalb der wissenschaftlichen Historiker-Community hier in den USA. Während der 1970er Jahre gab es schlichtweg zu viele Historiker im Verhältnis zum akademischen Arbeitsmarkt. Durch zahlreiche Graduiertenprogramme für Geschichte wurden wesentlich mehr Leute ausgebildet, als durch die Universitäten »absorbiert« werden konnte. Im Ergebnis führte das dazu, dass Historiker andere Arbeitsfelder erschließen mussten, um beschäftigt zu sein. Viele wanderten in fachfremde Gebiete ab. Andere ausgebildete Historiker jedoch waren überzeugt, dass ihre Fähigkeiten und ihre Ausbildung ein wertvolles Kapital waren und an unterschiedliche potentielle Kunden vermarktet werden konnten. Was also heute in den USA als Public History bekannt ist, war der Versuch, einen Markt für historische Dienstleistungen außerhalb traditioneller akademischer Institutionen zu finden und zu entwickeln.

Der zweite Hintergrund für das Entstehen der Public History in den USA war zum einen die wachsende Nachfrage seitens der Wirtschaft nach historischem Wissen und zum anderen das wachsende allgemeine Interesse an Geschichte. Diese Entwicklung reflektierte eine ganze Reihe von untergeordneten Trends. Teilweise realisierten viele Unternehmen, dass ihre Geschichte ein wertvolles Marketing Tool war. Über die Unternehmensgeschichte ließ sich die Marktpräsenz nachweisen oder die »brand loyalty« vertiefen. Andere Unternehmen, und im Übrigen auch etliche staatliche Institutionen, begannen sich an Historiker zu wenden, um ein besseres Verständnis zu bekommen, wie sich ihre Organisationen über die Jahrzehnte entwickelt hatten. In diesem Fall wurde Geschichte zu einem Management-Tool. Viele unserer frühen Aufträge hatten genau diese Stoßrichtung. Kunden waren hier z.B. Texas Instruments oder das amerikanische Umweltministerium.

Zusätzlich zu diesen Tendenzen gab es in den 1970ern/80ern eine wachsende Bewegung, Lokalgeschichte zu erforschen und historische Gebäude und Plätze zu erhalten. Das war sicherlich vergleichbar mit dem Aufkommen der Alltagsgeschichte in Deutschland ungefähr zur gleichen Zeit. Jedenfalls erforderten diese Bemühungen Leute, die eine historische Ausbildung hatten. Was als »cultural resource management« in den USA bekannt ist, war ein Ergebnis dieses Trends. Heutzutage ist es in den USA z.B. üblich, bei jedem größeren Bauprojekt auch Studien über das Baugebiet, seine Vergangenheit und dessen historische Bedeutung zu erstellen. Diese Studien beschäftigen eine ganze Reihe von Historikern im ganzen Land.

Schließlich muss man einen Trend erwähnen, der gerade seit den frühen 1990er Jahren wichtig wurde. Es war die Einbindung historischen Wissens in Rechtsfälle, insbesondere im Bereich des Umweltschutzes. Dieser Trend wurde durch die amerikanische CERCLA Gesetzgebung initiiert, die entworfen worden war, um Umweltsünder belangen zu können. Historiker wurden gebraucht, um festzustellen, welche Unternehmen für die Umweltprobleme in vielen Tausenden von Gebieten in den USA verantwortlich sind.

Frage: Wieso entwickelte sich der amerikanische Markt für historische Dienstleistungen wesentlich früher als in Europa?

James H. Lide: Einige Gründe habe ich bereits beschrieben. Zwei weitere signifikante Unterschiede zwischen der amerikanischen und europäischen Kultur kann man vielleicht hier noch anführen. Der erste ist, dass die USA eine wesentlich prozesssüchtigere Gesellschaft sind, als man es in Europa kennt. In anderen Worten: Hier in den Staaten tendiert man wesentlich häufiger dazu, sich gegenseitig zu verklagen, als es in Europa der Fall ist. Der französische Philosoph Tocqueville hat das bereits vor 150 Jahren kommentiert. Was hat das mit Geschichte und historischen Dienstleistungen zu tun? Der Punkt ist, dass viele Prozesse in der Regel eine eingehende Analyse vergangener Ereignisse verlangen – und das sind genau die Fähigkeiten, die Historiker besitzen. In Rechtsstreitigkeiten werden sie in den USA häufig unterstützend zu Rate geholt.

Der zweite Aspekt ist vielleicht etwas kontrovers. Aber als Halbeuropäer – ich besitze die britische und amerikanische Staatsbürgerschaft – erlaube ich es mir, hierzu etwas zu sagen. Nach meiner Erfahrung tendieren Europäer dazu, eine große Kluft zwischen intellektuellen Anliegen und der Wirtschaftswelt zu konstruieren. Kurz: Europäische Akademiker lehnen es in der Regel ab, ihre Fähigkeiten auf dem freien Markt zu verkaufen. Um fair zu sein, muss man natürlich auch sagen, dass viele amerikanische Akademiker da nicht viel anders sind. Aber ich glaube, dass dieses Problem in Europa wesentlich präsenter ist als bei uns. Europäische Historiker, zumindest die, die ich aus Großbritannien, Frankreich und Deutschland kenne, fühlen sich im Allgemeinen sehr unwohl, wenn es um den Verkauf von Dienstleistungen geht. Es scheint mir, dass sie das als eine Art Befleckung ihres Selbstverständnisses ansehen.

Frage: Was ist Ihr Verständnis von Geschichte als Marketinginstrument und welche Vorteile erhalten Unternehmen Ihrer Meinung nach durch die Darstellung von Unternehmensgeschichte gegenüber der Öffentlichkeit?

James H. Lide: Geschichte ist ganz offensichtlich ein sehr wichtiges Marketing-Tool. Grundsätzlich suchen sich ja die Konsumenten die Unternehmen und Produkte aus, die eine gute Reputation haben – und Reputation ist eng verbunden mit der Geschichte eines Unternehmens. Die Darstellung von Unternehmensgeschichte ist in diesem Sinne ein Mittel, um die »brand loyalty« zu stärken. Allerdings glaube ich, dass diese Aspekte nur einen Teil dessen ausmachen, weshalb Unternehmen und andere Institutionen uns beauftragen. Denn während Organisationen sich gegenüber der Öffentlichkeit darstellen müssen, ist es genauso wichtig, sich gegenüber seinen Angestellten zu vermarkten. Viele unserer Projekte sind »interne« Geschichtsdarstellungen, die gebraucht werden, um Mitarbeitern Informationen über ihren Arbeitgeber bereitzustellen. Zum Beispiel arbeiten wir gerade an einem Buch für eine große amerikanische Anwaltskanzlei. Die will natürlich potentielle Klienten wissen lassen, dass es die Kanzlei schon eine lange Zeit gibt und dass man beträchtliche Erfahrung auf dem entsprechenden Gebiet hat. Andererseits ist das Buch an ein internes Publikum adressiert, um nicht nur die Geschichte, sondern ebenso die gewachsene Unternehmenskultur zu verdeutlichen.

Frage: Was sind die typischen Aufgaben, die Sie für Ihre Kunden erledigen?

James H. Lide: HAI arbeitet in vielen verschiedenen Bereichen. Wir erarbeiten umfangreiche Buchmanuskripte, aber auch kürzere Texte. Wir helfen, Ausstellungen vorzubereiten. Dann arbeiten wir an einer ganzen Reihe von »oral history«-Projekten. Im Bereich des »litigation research« (Forschung für Rechtsstreitigkeiten) machen wir alles vom

Sammeln von Dokumenten über ein bestimmtes Thema, Schreiben
von Analysen oder die Vorbereitung von Sachverständigenaussagen.
HAI bietet ebenso Archivdienstleistungen an.

Frage: Wie viele Mitarbeiter beschäftigen Sie?

James H. Lide: Derzeit beschäftigen wir 45 Vollzeitmitarbeiter. Das
sind Historiker und Archivare. Daneben haben wir ein großes Netzwerk von freien Mitarbeitern in der ganzen Welt.

Frage: Wer sind Ihre Kunden?

James H. Lide: Ganz unterschiedlich. Etwa ein Drittel aller Aufträge
kommt durch staatliche Institutionen rein wie etwa die Library of
Congress, die National Library of Medicine, das National Institute of
Health oder das Umweltministerium. Auch haben wir für viele
Großunternehmen gearbeitet wie z.B. Ford, Dupont, MCI, Texas Instruments, Bayer, Allied-Signal, Boeing etc. Dann arbeiten wir für
etliche Anwaltskanzleien überall in den USA. Zusätzlich machen wir
etliche Projekte für Non-Profit-Organisationen.

Frage: Wie sieht Ihre Marktposition verglichen mit der Ihrer Wettbewerber aus?

James H. Lide: Das ist ein wenig schwierig zu beantworten, weil es
davon abhängt, welchen Geschäftszweig man vergleicht. Insgesamt
sind wir der größte historische Dienstleister in den USA mit 45 Mitarbeitern und einem Umsatz von ca. vier Millionen US-Dollar pro
Jahr. Als einzige bieten wir Full-Service: Recherche, Forschung, Text
und Archivdienstleistungen.

Frage: Welcher Mitarbeiter ist Ihrer Meinung nach ein idealer Public
Historian?

James H. Lide: An erster Stelle jemand, der ein guter Historiker ist!

Eine gute Unternehmensgeschichte zu schreiben, ist nicht anders, als eine gute Geschichte über irgendein anderes Thema zu verfassen. Allerdings suchen wir Leute, die die Geschäftswelt verstehen. Damit meine ich: Wenn wir versprechen, eine Unternehmensgeschichte in zwei Jahren fertig zu stellen, dann liefern wir sie auch in zwei Jahren. Unsere Kunden sind schlichtweg weniger nachsichtig als Professoren gegenüber ihren Studenten. Wir müssen zu verhandelten Vertragsbedingungen arbeiten. Deshalb suchen wir nach Historikern, die Ergebnisse nach Zeitplan liefern.

(Übersetzung aus dem Amerikanischen)

Zur Entwicklung der **deutschsprachigen Public History** und zu den **Qualitätsanforderungen des History Marketing** äußert sich Prof. Dieter Leuthold aus Bremen.

Interview: Prof. Dieter Leuthold
(Institut für Unternehmensgeschichte an der Hochschule Bremen)

Professor Leuthold ist Sprecher des Instituts für Unternehmensgeschichte (IFUG) an der Hochschule Bremen. Das Institut wurde im Jahre 2000 gegründet und arbeitet in enger Kooperation mit der Handelskammer Bremen. Das IFUG hat sich als externer Dienstleister für lokale und regionale Unternehmen positioniert und bietet Hilfe bei der Aufarbeitung von Unternehmensgeschichten im Kammerbezirk Bremen an.

Frage: Seit einigen Jahren ist der Trend zur privat finanzierten Unternehmensgeschichtsschreibung festzustellen. Mittlerweile gibt es etliche Historiker, die als Freiberufler ihr Know-how auf dem freien Markt verkaufen. Auf der anderen Seite gibt es Historiker in wissenschaftlichen Einrichtungen, die eng mit Unternehmen kooperieren

und darüber Drittmittel einwerben. Bedeutet diese »Privatisierung«
der Geschichtsschreibung eine zu starke Instrumentalisierung durch
Privatunternehmen?

Prof. Leuthold: Wissen Sie, einer der Begründer der deutschen Unternehmensgeschichtsschreibung, Wilhelm Treue, hat vor langer
Zeit einmal für einen Schraubenhersteller eine Kulturgeschichte der
Schraube geschrieben. Er erntete die Kritik seiner Wissenschaftskol-
legen, die ihn in Anspielung auf seinen privaten Auftraggeber als
»wissenschaftliche Niete« bezeichneten. Ich glaube, diese Zeiten
sind vorbei. Die Hemmschwelle von Geisteswissenschaftlern, Auf-
tragsarbeiten anzunehmen, existiert in der Regel nicht mehr. Es
kommt schließlich nicht darauf an, ob ein Privatunternehmen Ihre
Arbeit finanziert, sondern ob die dadurch ermöglichte Forschung
wissenschaftlichen Standards entspricht. Diejenigen, die sich mit
Unternehmensgeschichte beschäftigen, kennen diese Standards
wahrscheinlich besser als andere. Wer unkritische Auftragsarbeit
leistet, dessen Arbeiten verschwinden schnell in der Schublade. Ab-
solute Voraussetzung für eine ernst zu nehmende Unternehmensgeschichtsschreibung ist z.B. der unbeschränkte Zugang zu allen Archivmaterialien oder die Freiheit, auch unpopuläre Kapitel kritisch
aufarbeiten zu können. Von Instrumentalisierung kann dann keine
Rede sein.

Frage: Die Ergebnisse einer solchen Herangehensweise sind allerdings teilweise langatmige Studien, die höchstens ein Fachpublikum
interessieren. Für die Zwecke der Unternehmen und ihrem Bedürfnis, sich breiteren Öffentlichkeiten zu präsentieren, eignet sich das
nicht in jedem Fall. In der Regel wollen Unternehmen leicht ver-
ständliche und auch unterhaltsame Darstellungen ihrer Geschichte,
weil sich das besser in die Öffentlichkeitsarbeit einbinden lässt. Hat
dieses Verständnis von Geschichte seine Berechtigung?

Prof. Leuthold: Ich habe nichts dagegen, die Unternehmensgeschichte differenziert einzusetzen und auch für die Öffentlichkeitsarbeit zu

nutzen. Allerdings wende ich mich gegen zu starke Popularisierungen und dagegen, dass nicht kompetente Personen »corporate history« schreiben. PR-Leute wären damit zum Beispiel überfordert. Und wer das History Marketing anbieten und seriös sein will, der kann im Grunde nicht auf das Fundament einer wissenschaftlichen Darstellung verzichten. Die steht immer am Anfang. Davon ausgehend, können weitere, auch populäre Maßnahmen der Öffentlichkeitsarbeit entwickelt werden.

Frage: Wie schätzen Sie den Markt für historische Dienstleistungen heute ein?

Prof. Leuthold: Es gibt heute ganz klar einen Run auf die Geschichte. Nehmen Sie nur die populären Dokumentationen von Guido Knopp im ZDF. Sie können darüber unterschiedlicher Meinung sein. Fest steht jedoch, dass dadurch das allgemeine Interesse an Geschichte enorm gewachsen ist. Das hat sich auch auf das historische Bewusstsein der Unternehmen ausgewirkt und den Markt für historische Dienstleistungen wachsen lassen. Für Geschichtsstudenten, die mit einem schwierigen Arbeitsmarkt zu kämpfen haben, ist damit sicherlich auch eine neue berufliche Perspektive entstanden. Wieso sollte ein kluger, hochmotivierter Historiker, für den die Forschung oder das Lehramt auf Grund der Stellenknappheit nicht in Frage kommt, nicht den Weg in die Selbständigkeit gehen? Wenn wir aber von dem freien Markt für historische Dienstleistungen reden, muss für diejenigen, die darin arbeiten, deutlich sein, dass sie sich nicht zu weit von ihren Wurzeln entfernen. Der zentrale Begriff bleibt auch für sie »Qualität«.

Serviceteil

→ **FALLBEISPIELE**

Beispiel 1: Audi Tradition (Ingolstadt)

Audi Tradition belebt alte Werte wieder – Verbindung von Vergangenheit, Gegenwart und Zukunft

»Nur wer Geschichte hat, kann Geschichte schreiben« – Audi hat Geschichte, Audi schreibt Geschichte. Seit 1998 zeichnet Audi Tradition verantwortlich für die Pflege und Bewahrung der über 100-jährigen Firmen-Geschichte. Sie kümmert sich um die Darstellung der Historie in der Öffentlichkeit, sammelt, kauft, erhält, restauriert und präsentiert klassische Automobile und Motorräder. Audi Tradition setzt Audi Klassiker bei Oldtimer-Veranstaltungen ein, pflegt ein großes firmengeschichtliches Archiv und ist für das Audi museum mobile im Audi Forum Ingolstadt verantwortlich.

Die Philosophie von Audi Tradition bringt deren Leiter Thomas Frank auf den Punkt:

»Wir wollen mit unseren Klassik-Aktivitäten den Kunden und der Öffentlichkeit die über einhundertjährige Tradition des Hauses Audi bewusst machen und die wechselvolle Geschichte der Audi Vorgängermarken in Verbindung mit der heutigen Marke setzen. Wir sehen unsere faszinierenden Klassiker als wichtigen Differenzierungsfaktor im internationalen Wettbewerb, als Kundenbindungsmittel und als Nachweis unserer langen Tradition als Premium-Marke.«

Frank ist gleichzeitig Geschäftsführer der 1985 gegründeten Auto Union GmbH und der NSU GmbH, deren vorrangige Aufgabe darin besteht, historische Automobile, Motorräder und firmengeschichtlich relevante Dokumente der Audi AG und der Vorgänger-Marken (Audi, DKW, Horch, Wanderer und NSU) zu sammeln und die Namens- und Markenrechte zu sichern. Seit Gründung der Audi Tradition sind sie Teil der historischen Abteilung. Damit zählt Audi auch in Sachen Historien-Darstellung und -Pflege zu den Premium-Marken.

An spektakulären Aktionen und Auftritten gab es seit Bestehen

der Audi Tradition keinen Mangel: Die mit Millionen-Aufwand im Auftrag der Audi Tradition restaurierten oder neu aufgebauten Auto Union 12- und 16-Zylinder-Rennwagen machten schon während ihrer
Wiederbelebung Furore. Selten zuvor wurden Vorkriegsrennwagen
mit so großem Aufwand so penibel restauriert – selten zuvor widmete
die internationale Automobil-Fachpresse der Wiederauferstehung alter Rennwagen derart viel Beachtung.

Das Highlight war jedoch der im Frühjahr 2000 fertiggestellte
Nachbau eines Auto Union Typ C »Avus« 16-Zylinder-Stromlinien-
rennwagen, der 1937 auf der Autobahn Frankfurt-Darmstadt über 400
km/h schnell gefahren ist. Die Spuren des Originals verloren sich
nach dem Zweiten Weltkrieg im Osten. Audi veranlasste eine komplette Nachfertigung des 520 PS starken Boliden bei international an-
erkannten Spezialisten – mit dem Resultat, dass eines der schönsten
und schnellsten automobilen Kunstwerke der Welt neu entstand.

Seine Deutschland-Premiere feierte der Stromlinienwagen bei der
größten europäischen Klassiker-Messe »Techno Classica« im April
2000, wo der spektakuläre Audi Auftritt für Schlagzeilen sorgte. Über-
troffen wurde sie nur von der Fahrpremiere des Streamliners in der
Steilkurve der französischen Rennstrecke Montlhéry Anfang Juni
2000. Zusammen mit dem 2000er Le Mans-Siegerwagen Audi R8
drehte der Vorkriegsbolide einige Demonstrationsrunden und erntete
Standing Ovations. Nachdem er anschließend beim American Le
Mans-Rennen auf dem Nürburgring im Juli 2000 noch einige Ehren-
runden gedreht hatte, schmückt er nun als eine der Hauptattraktio-
nen das museum mobile in Ingolstadt.

Die öffentlichen Auftritte der Audi Tradition gehören zu den Hö-
hepunkten bei internationalen Klassiker-Veranstaltungen. Sie stellen
Zusammenhänge zwischen Historie, Gegenwart und Zukunft her. Sie
emotionalisieren. Sie faszinieren. Und sie begeistern. Zum Beispiel im
Mai 2001, als die sensationelle Rückkehr von zwei Auto Union Rennwagen nach Großbritannien gefeiert wurde. Nach über 60 Jahren star-
teten der Auto Union Typ C 16-Zylinder mit 520 PS und der Auto Union
Typ D 12-Zylinder mit 425 PS wieder auf der berühmten Rennstrecke
von Donington in den britischen Midlands. Solche Auftritte – 2001 wie

2002 waren es jeweils um die 40 – sind jedoch nur die Eisbergspitze der Audi Traditionsarbeit: Für die Öffentlichkeit kaum auffällig, arbeitet Audi Tradition häufig im Hintergrund – jedoch mit großer Außenwirkung, z.B. bei der Ausstattung und inhaltlichen Gestaltung des Audi museum mobile.

Audi Tradition mit ihren inzwischen 26 Mitarbeitern stellt Exponate zur Verfügung, und berät in allen historischen Belangen. Last but not least weist sie rechtzeitig auf anstehende Jubiläen hin. Dabei bauen die Traditionsmitarbeiter auf das umfangreiche firmengeschichtliche Archiv, das in den vergangenen 20 Jahren in der Auto Union GmbH und der NSU GmbH mit viel Enthusiasmus zusammengetragen wurde. Im Aufbau eines hochmodernen Dokumentationszentrums liegt in den nächsten Jahren eine der großen Aufgaben der Audi Tradition. Und da ist in der Tat viel zu tun: Die 100-jährige Vorgeschichte der heutigen Audi AG mit ihren Vorgängermarken (Audi, DKW, Horch, Wanderer und NSU) und ihren wechselvollen Schicksalen ist ein großes Feld für Historiker, Analytiker, Archivare und Publizisten.

Beispiel 2: Dental-Bodirsky GmbH (Coburg)

Von der Sammelleidenschaft zum Marketinginstrument – Die Dentalhistorische Sammlung Coburg

Die Dentalhistorische Sammlung des Dentallabors Dental-Bodirsky GmbH im bayerischen Coburg ist ein anschauliches Beispiel, wie ein Kleinunternehmen Geschichte für seine Zwecke geschickt einsetzen kann. Kern- und Angelpunkt des History Marketing im Kleinformat ist eine Sammlung zahnmedizinischer und dentaltechnischer Objekte wie Fußtretbohrer, Zahnschaber oder die komplette Einrichtung einer Zahnarztpraxis aus der Nachkriegszeit. Mehr als 3.000 Objekte hat die Dental-Bodirsky GmbH seit den 1960er zusammengetragen und nutzt sie seit langem als Mittel zur Kundenpflege und Akquise. Regelmäßig werden also nicht nur die eigenen Lehrlinge über die Geschichte ihres Faches informiert. Das Labor lädt Zahnärzte, Zahnarzthelferinnen, Zahnmedizinstudenten und existierende Kunden zu Veranstaltungen in die 200 Quadratmeter großen Ausstellungshallen des Museums, organisiert kostenlose Führungen und entwickelt Sonderausstellungen. Über die Dentalhistorische Sammlung bleibt das Dentallabor immer wieder im Gespräch und verfügt mit seinen Führungen und Veranstaltungen über ein Mittel des zwanglosen Kundenkontaktes.

Beispiel 3: Sal. Oppenheim jr. & Cie. (Köln)

1789 als Kommissions- und Wechselhaus gegründet, behauptet sich die Bank seit mehr als 214 Jahren im Wettbewerb. Als Gründer und Wahrer der Kontinuität spielt die Familie von Oppenheim in ihr die zentrale Rolle. Sie ist heute mit der siebten Generation in der Geschäftsführung vertreten.

Der Konzern Sal. Oppenheim operiert als integrierte Vermögensverwaltungs- und Investmentbank. 1.500 Mitarbeiter werden an 17 Standorten beschäftigt. Der Wert des betreuten Vermögens beläuft sich auf 60 Milliarden Euro.

Die Geschichte ist ein wichtiger Bestandteil der Marke Sal. Oppenheim. Neben Qualität, Innovation und Integrität steht auch die Tradition in den Leitsätzen des Hauses festgeschrieben. Genauer heißt es:»Die Geschichte unseres Hauses dokumentiert unsere Kompetenz.«

Die Historie liefert den Kontinuitätsnachweis in einer sich stetig wandelnden Welt. Sie verdeutlicht die unternehmerische Leistung der Familie, sich seit über 200 Jahren als unabhängige Privatbankiers zu behaupten. Sie steht für Vertrauen und Zuverlässigkeit. Deshalb wird sie zu Marketingzwecken eingesetzt. Diese Umsetzung verantwortet das Archiv des Bankhauses. So wird sichergestellt, dass selbst kurze und pointierte Darstellungen stets wissenschaftlich korrekt abgefasst werden.

Gleichzeitig Imagebroschüre und Akquisegeschenk ist das 120 Seiten starke Buch»Sal. Oppenheim jr. & Cie. Geschichte einer Bank und einer Familie«. Thematisiert wird in ihm nicht nur die Vergangenheit, auch in die Zukunft wird geblickt. Im Grußwort der Partner heißt es:

»Traditionsbewusstsein, Flexibilität mit Augenmaß, Solidarität und Qualitätssinn sind die Garanten des Überlebens über mehr als zwei Jahrhunderte hinweg gewesen. Die Familie und die persönlich haftenden Gesellschafter fühlen sich verpflichtet, auch zukünftig im Sinne der bewährten Tugenden zu handeln. Diese bilden die Grundlagen für das übergeordnete Ziel der Bank, ihre Unabhängigkeit auf Dauer zu bewahren.«

Was meinen diese Sätze? Nicht mehr und nicht weniger, als dass die Geschichte bei Sal. Oppenheim als Basis, als Fundament für die Zukunft begriffen wird. Die Tradition ist hier Sprungbrett, nicht Ruhekissen.

Größtes Projekt des Archivs in jüngster Zeit war die Herausgabe der Biographie des Forschers, Sammlers und Diplomaten Max von Oppenheim (1860-1946). Max von Oppenheim war zu seinen Lebzeiten bekannt wie der sprichwörtliche »bunte Hund«. Er war in der Hochzeit des Imperialismus am Generalkonsulat in Kairo attachiert und grub eine in Syrien gelegene 3.000 Jahre alte Stadt aus. Er leitete eine Propagandaorganisation im Ersten Weltkrieg und publizierte ein nach wie vor gültiges Standardwerk zur Geschichte der Beduinen.

Als Zielgruppe der Biographie wurden die Privatkunden des Bankhauses definiert. Um eine möglichst große Zahl unter ihnen anzusprechen, konzipierte das Archiv einen Sammelband. 14 Aufsätze von unterschiedlichen Fachwissenschaftlern entstanden und beleuchteten das Leben Max von Oppenheims aus allen erdenklichen Perspektiven. Als angeblichen Meisterspion Kaiser Wilhelms, als Ausgräber des aramäischen Tell Halaf, als Salonlöwe im Kairenser Diplomatenviertel sowie als Stifter eines Privatmuseums und eines Forschungsinstitutes. Auch seine Sammlungen an Schmiedearbeiten, Waffen, Textilien und alten Handschriften werden vorgestellt.

Die Biographie wurde im Jahr 2001 als Weihnachtsgeschenk an

die Privatkunden versandt. Die Reaktionen hierauf waren ähnlich positiv, wie auch die Kritiken zur gleichzeitig eröffneten Ausstellung »Faszination Orient. Max von Oppenheim, Forscher, Sammler, Diplomat« im Kölner Rautenstrauch-Joest-Museum für Völkerkunde. 60.000 Menschen besuchten bisher diese Ausstellung und nahmen einen Eindruck vom kulturellen Engagement der Familie von Oppenheim mit nach Hause.

Auch im Internet ist die Geschichte an prominenter Stelle vertreten. Zwei Rubriken stehen dem Besucher zur Verfügung. Die Rubrik »Geschichte Bankhaus« und die Rubrik »Weltgeschehen«. Während erstere einen Überblick über die jeweils wichtigsten Ereignisse in der Historie der Bank und der Familie bietet, ergänzt die zweite die internen Meilensteine durch wichtige Nachrichten aus Politik, Wirtschaft und Kultur. Über jedes Jahr seit der Gründung 1789 kann sich der Besucher informieren. Insgesamt stehen also 428 verschiedene Seiten, viele von ihnen mit historischem Bildmaterial aufgelockert, zur Verfügung.

Addiert man die speziell für neue Besucher konzipierten Basisseiten »Aktuell«, »Unternehmen«, »Geschichte« und »Public Relations« zusammen, so kommt man zu dem Ergebnis, dass der Bereich »Geschichte« knapp 40 Prozent an den gesamten Sichtkontakten hält. 40 Prozent der potentiellen Neukunden informieren sich also neben den Produkten auch über die Geschichte von Sal. Oppenheim. Ein überraschend hoher Anteil, der die Kosten in eine ausgefeilte Präsentation mehr als rechtfertigt.

Wie dargelegt wurde, ist die Geschichte ein wichtiger Bestandteil der Marke Sal. Oppenheim. Sie unterstreicht die Einzigartigkeit des Unternehmens und dient der Abgrenzung im Wettbewerb. Sie steht für Erfahrung und Kompetenz, für Ertragskraft und Vertrauenswürdigkeit. Sie nicht zu Marketingzwecken einzusetzen hieße, einen Vorteil im Wettbewerb zu ignorieren.

(Dominik Zier)

Beispiel: Vereinssatzung Historische Gesellschaft
der Deutschen Bank e.V.

Vereinssatzung

§ 1 – Gründung, Name, Sitz und Geschäftsjahr

1.) Die Gründung des Vereins erfolgt auf Initiative der Deutschen Bank AG zur Verfolgung des in § 2 genannten Zwecks. Der Verein führt den Namen »Historische Gesellschaft der Deutschen Bank«. Er soll in das Vereinsregister eingetragen werden; nach der Eintragung lautet der Name »Historische Gesellschaft der Deutschen Bank e.V.«.

2.) Sitz des Vereins ist Frankfurt am Main.

3.) Geschäftsjahr ist das Kalenderjahr.

§ 2 – Zweck des Vereins

1.) Der Zweck des Vereins ist es, die bankhistorischen Wissenschaften im allgemeinen, insbesondere die Erforschung der Entwicklung des deutschen und internationalen Kreditwesens, sowie die Bildung der Bevölkerung auf diesem Gebiet zu fördern und ihr Verständnis in diesem Bereich zu vertiefen.

2.) Der Verein verfolgt ausschließlich und unmittelbar gemeinnützige Zwecke im Sinne des Abschnitts »steuerbegünstigte Zwecke« der Abgabenordnung:

a) Durch Förderung, Anregung und Herausgabe sowie Unterstützung wissenschaftlicher Arbeiten über die Entwicklung deutscher Banken. Hierbei wird das Ziel verfolgt, die Kenntnis der Geschichte der deutschen Banken und ihres Umfeldes (politisch, wirtschaftlich und kulturell) zu erweitern.

b) Durch Vorträge und Zusammenkünfte, Informationen und Ausstellungen sowie wissenschaftliche Führungen zur Vertiefung historisch relevanter Ereignisse.

c) Durch Herstellung von Kontakten zu anderen wirtschafts- und sozialhistorisch, insbesondere bankhistorisch ähnlichen Institutionen sowie durch die Pflege von Beziehungen zu derartigen Institutionen.

d) Der Verein trägt insbesondere den weltweiten unterschiedlichen bankhistorischen Entwicklungen Rechnung und fördert eine historische Verständigung.

3.) Der Verein ist selbstlos tätig; er verfolgt nicht in erster Linie eigenwirtschaftliche Zwecke. Mittel des Vereins dürfen nur für die satzungsmäßigen Zwecke verwendet werden. Die Mitglieder erhalten keine Zuwendungen aus Mitteln des Vereins. Es darf keine Person durch Ausgaben, die dem Zweck der Körperschaft fremd sind, oder durch unverhältnismäßig hohe Vergütungen begünstigt werden.

§ 3 – Mitgliedschaft

1.) Mitglied des Vereins kann jeder werden, der die Bestrebungen des Vereins unterstützen will.

2.) Die Mitgliedschaft ist unterteilt in Mitglieder und fördernde Mitglieder. Fördernde Mitglieder entrichten zusätzlich zum Mitgliedsbeitrag einen regelmäßigen »Mindestförderbeitrag«. Jedes Mitglied, das bereit ist, den Förderbeitrag zu übernehmen, kann förderndes Mitglied werden; eine Pflicht zur Übernahme des Förderbeitrages besteht nicht. Der Vorstand hat das Recht, Ehrenmitglieder auf Lebenszeit zu ernennen.

3.) Voraussetzung für den Erwerb der Mitgliedschaft ist ein schriftlicher Aufnahmeantrag, der an den Vorstand zu richten ist. Der Vorstand entscheidet über den Aufnahmeantrag.

§ 4 – Beendigung der Mitgliedschaft

1.) Die Mitgliedschaft endet durch Tod, Ausschluss, Streichung von der Mitgliederliste oder Austritt aus dem Verein.

2.) Der Austritt erfolgt durch schriftliche Erklärung gegenüber dem Vorstand. Der Austritt kann nur zum Ende eines Geschäftsjahres erklärt werden, wobei eine Kündigungsfrist von zwei Monaten einzuhalten ist.

3.) Ein Mitglied kann durch Beschluss des Vorstands von der Mitgliederliste gestrichen werden, wenn es trotz zweimaliger schriftlicher Mahnung mit der Zahlung eines Mitgliederbeitrages oder eines Förderbeitrages im Rückstand ist. Die Streichung ist erst zulässig, wenn nach der Absendung der zweiten Mahnung zwei Monate verstrichen sind und in dieser Mahnung Streichung angedroht wurde. Die Entscheidung über die Streichung soll dem Mitglied mitgeteilt werden.

4.) Wenn ein Mitglied schuldhaft in grober Weise die Interessen des Vereins verletzt, kann es durch Beschluss des Vorstands aus dem Verein ausgeschlossen werden. Vor der Beschlussfassung muss der Vorstand dem Mitglied Gelegenheit zur mündlichen oder schriftlichen Stellungnahme geben. Der Beschluss des Vorstands ist schriftlich zu begründen und dem Mitglied zuzusenden. Gegen den Beschluss kann das Mitglied Berufung an die Mitgliederversammlung einlegen. Die Berufung ist innerhalb eines Monats nach Zugang des Beschlusses beim Vorstand ein zulegen. Innerhalb von drei Monaten nach fristgemäßer Einlegung der Berufung hat der Vorstand – sofern in diesem Zeitraum nicht ohnehin eine Mitgliederversammlung stattfindet – eine Mitgliederversammlung einzuberufen, die abschließend über den Ausschluss entscheidet.

§ 5 – Mitgliedsbeiträge

1.) Die Höhe des Mitgliedsbeitrages sowie des Mindestförderbeitrages werden von der Mitgliederversammlung festgesetzt. Beitrag und Föderbeitrag sind jährlich innerhalb des ersten Vierteljahres zu entrichten.

2.) Ehrenmitglieder sind von der Pflicht zur Zahlung von Beiträgen befreit.

3.) Der Vorstand kann in begründeten Fällen Beiträge grau oder teilweise erlassen oder stunden.

§ 6 – Rechte der Mitglieder

1.) Die Mitglieder sind insbesondere berechtigt,
a) zur Teilnahme und Abstimmung bei der Mitgliederversammlung;
b) zur Teilnahme an den Zusammenkünften und Führungen;
c) zum Bezug der Vereinsveröffentlichungen.

2.) Alle Mitglieder (auch fördernde Mitglieder und Ehrenmitglieder) haben grundsätzlich die gleichen Rechte.

§ 7 – Organe des Vereins

Organe des Vereins sind: a) die Mitgliederversammlung; b) der Vorstand; c) der Beirat.

§ 8 – Die Mitgliederversammlung

1.) Die Mitgliederversammlung ist insbesondere zuständig für:
a) die Entgegennahme des Geschäfts- und Kassenberichts des Vorstands;
b) die Entlastung des Vorstands;
c) die Wahl der Mitglieder des Vorstands;
d) die Festsetzung des Mitgliedsbeitrages und des Mindestförderbeitrages ;
e) die Beschlussfassung über in der Mitgliederversammlung gestellte Anträge, die Änderung der Satzung sowie die Auflösung des Vereins;
f) die Beschlussfassung über die Berufung gegen einen Ausschließungsbeschluss des Vorstands.

2.) Die Mitgliederversammlung wird von einem durch den Vorstand bestimmtes Vorstandsmitglied geleitet. Ist das betreffende Vorstandsmitglied nicht anwesend bzw. kein Vorstandsmitglied zum Leiter bestimmt worden, bestimmt die Versammlung den Versammlungsleiter.

3.) Spätestens bis zum 30. Juni eines jeden Jahres soll eine Mitgliederversammlung stattfinden, die den Geschäfts- und Kassenbericht entgegennimmt und über die Entlastung des Vorstands für das vorhergehende Jahr entscheidet (ordentliche Mitgliederversammlung). Außerordentliche Mitgliederversammlungen sind einzuberufen, wenn das Interesse des Vereins es erfordert oder mindestens ein Viertel der Vereinsmitglieder es unter Angabe der Gründe schriftlich verlangt.

4.) Mitgliederversammlungen sind von dem Ersten Vorsitzenden oder dem geschäftsführenden Vorsitzenden oder zwei anderen Mitgliedern des Vorstands (§9, Abs. 1 und 4) unter Einhaltung einer Frist von einem Monat schriftlich unter Angabe der vom Vorstand festgelegten Tagesordnung einzuberufen. Die Frist beginnt mit dem auf die Absendung des Einladungsschreibens folgenden Tag. Das Einladungsschreiben gilt dem Mitglied als zugegangen, wenn es an die letzte vom Mitglied dem Verein schriftlich bekanntgegebene Adresse gerichtet ist.

5.) Die Mitgliederversammlung fasst Beschlüsse im allgemeinen mit einfacher Mehrheit der abgegebenen Stimmen. Zur Änderung der Satzung sowie zur Auflösung des Vereins ist jedoch eine Mehrheit von drei Vierteln der abgegebenen Stimmen erforderlich. Die Art der Abstimmung bestimmt der jeweilige Versammlungsleiter. Über die Beschlüsse der Mitgliederversammlung ist ein Protokoll anzufertigen, das vom Versammlungsleiter zu unterzeichnen ist.

6.) Zur Ausübung des Stimmrechts in der Mitgliederversammlung kann ein anderes Mitglied schriftlich bevollmächtigt werden.

§ 9 – Der Vorstand

1.) Der Vorstand i.S.d. § 26 BGB besteht aus dem Ersten Vorsitzenden, dem geschäftsführenden Vorsitzenden, dem Schatzmeister sowie mindestens zwei und höchstens sieben weiteren Mitgliedern; ein Mitglied des Vorstands ist gleichzeitig Vorsitzender des Beirates. Alle Vorstandsmitglieder sind ehrenamtlich tätig.

2.) Die Vorstandsmitglieder werden unter gleichzeitiger Bestimmung ihrer jeweiligen Position innerhalb des Vorstands (Abs. 1) von der Mitgliederversammlung für die Dauer von drei Jahren, gerechnet von der Wahl an, gewählt. Sie bleiben jedoch bis zur Neuwahl des Vorstands im Amt. Die Wiederwahl von Vorstandsmitgliedern ist zulässig.

3.) Der Vorstand beschließt in Sitzungen, die vom Ersten Vorsitzenden oder dem geschäftsführenden Vorsitzenden einberufen werden. Der Vorstand ist beschlussfähig, wenn mindestens zwei seiner Mitglieder anwesend sind. Bei der Beschlussfassung entscheidet die Mehrheit der abgegebenen gültigen Stimmen. Bei Stimmengleichheit entscheidet die Stimme des Ersten Vorsitzenden, bei dessen Abwesenheit die des geschäftsführenden Vorsitzenden. Der Vorstand kann auch im schriftlichen Verfahren beschließen, wenn kein Vorstandsmitglied dieser Art der Beschlussfassung widerspricht. Über die Beschlüsse des Vorstands ist ein Protokoll anzufertigen, das von dem protokollführenden Vorstandsmitglied zu unterzeichnen ist.

4.) Der Erste Vorsitzende und der geschäftsführende Vorsitzende sind jeweils allein berechtigt, den Verein gerichtlich und außergerichtlich zu vertreten. Im übrigen wird der Verein durch zwei Mitglieder des Vorstands vertreten.

§ 10 – Der Beirat

1.) Der Beirat besteht aus bis zu dreißig Mitgliedern. Die Beiratsmitglieder werden – mit Ausnahme der Mitglieder des ersten Beirats – aufgrund eines entsprechenden Beschlusses des Vorstandes durch den Ersten Vorsitzenden für die Dauer von drei Jahren berufen; sie bleiben jedoch bis zur nächsten Berufung des Beirats im Amt. Die Mitglieder des ersten Beirats werden von der Mitgliederversammlung (Gründungsversammlung) gewählt. Mindestens ein Mitglied des Beirats wird aus dem Kreis der Mitglieder des Vorstands berufen bzw. gewählt.

2.) Sofern nur ein Beiratsmitglied gleichzeitig Vorstandsmitglied ist, ist dieses Mitglied Vorsitzender des Beirats. Anderenfalls wählen die Mitglieder des Beirats aus dem Kreis der gleichzeitig dem Vorstand angehörenden Mitglieder den Vorsitzenden. Darüber hinaus wählen die Beiratsmitglieder aus ihrer Mitte den stellvertretenden Vorsitzenden des Beirats.

Für Beschlüsse des Beirats gilt §9, Abs.3 entsprechend. Der Erste Vorsitzende sowie der geschäftsführende Vorsitzende des Vorstands sind unabhänig davon, ob sie auch dem Beirat angehören, berechtigt an den Sitzungen des Beirats teilzunehmen.

3.) Die Mitglieder des Beirats sind ehrenamtlich tätig. Der Beirat soll sich aus Persönlichkeiten zusammensetzen, die ein wirtschafts- und bankhistorisches Engagement bewiesen haben.

4.) Der Beirat hat die Aufgabe,
a) den Vorstand auf Wunsch zu beraten;
b) bankhistorische Publikationen anzuregen und dem Vorstand vorzuschlagen;
c) Veranstaltungen wie Vorträge, historische Besichtigungen etc. zur Bankgeschichte anzuregen.

§ 11 – Auflösung des Vereins, Wegfall steuerbegünstigter Zwecke

1.) Die Auflösung des Vereins kann nur in einer Mitgliederversammlung mit einer Mehrheit von drei Vierteln der abgegebenen gültigen Stimmen beschlossen werden (§8, Abs.5).

2.) Die Liquidatoren werden durch die Mitgliederversammlung bestellt.

3.) Bei Auflösung des Vereins oder bei Wegfall steuerbegünstigter Zwecke fällt das Vermögen des Vereins an die Deutsche Bank Stiftung Alfred Herrhausen»Hilfe zur Selbsthilfe«, die es unmittelbar und ausschließlich für gemeinnützige oder mildtätigen Zwecke zu verwenden hat.

Frankfurt am Main, den 12. Juni 1991

→ **Muster: Benutzungsordnung eines Archivs**

Benutzungsordnung des XY-Archivs

I. Benutzungszweck

XY-Archiv ist eine Einrichtung des XY-Unternehmens. Es dient vorrangig den Zwecken des Trägers.

Im Rahmen der dienstlichen Möglichkeiten kann das Archiv Angehörigen wissenschaftlicher Einrichtungen nach erteilter Genehmigung und schriftlicher Anerkennung dieser Benutzungsordnung für wissenschaftliche Forschungen zugänglich gemacht werden.

II. Benutzungsantrag

Der Antrag auf Nutzung der Archivbestände ist schriftlich zu stellen. Im Antrag sind Zweck des Besuches, Thema der beabsichtigten Arbeit sowie Auftraggeber detailliert anzugeben. Von jedem Benutzer ist eine Erklärung über die Anerkennung der Benutzungsordnung zu unterschreiben, die bei länger andauernden Forschungsvorhaben jährlich erneuert werden muss. Auf Wunsch der Archivmitarbeiter hat sich der Besucher auszuweisen.

III. Benutzungsgenehmigung

Über den Benutzungsantrag entscheidet der Leiter des Unternehmens. Die Benutzungsgenehmigung wird nur dem Antragsteller selbst und nur für den im Benutzungsantrag genannten Zweck erteilt. Eine Weitergabe von Unterlagen an Dritte ist nicht gestattet. Sollen aus den Beständen gewonnene Erkenntnisse für einen anderen als im Benutzungsantrag angegebenen Zweck verwertet werden, ist eine gesonderte Genehmigung erforderlich.

Ein allgemeines Recht des Besuchers auf Einsicht in Archivalien besteht nicht. Die Benutzung kann untersagt oder mit Bedingungen verbunden werden, wenn die Materialien sekretiert sind oder die Interessen des Archivs, des Unternehmens, noch lebender Personen oder ihrer Hinterleger beeinträchtigt werden. Die Vorlage von Archivalien kann außerdem versagt werden, wenn keine Gewähr sorgfältiger Behandlung gegeben scheint, der Erhaltungszustand der Archivalien durch die Benutzung beeinträchtigt würde oder der mit der Benutzung verfolgte Zweck durch Einsichtnahme in allgemein zugängliche Druckwerke oder andere Veröffentlichungen erreicht werden kann.

Eine Genehmigung kann jederzeit widerrufen werden, wenn der Benutzer gegen die Benutzungsordnung verstößt.

IV. Benutzung

Die Vorlage von Archivalien erfolgt nach Maßgabe der den Archivmitarbeitern zur Verfügung stehenden Ressourcen. Ein Anspruch auf Vorlage einer größeren Anzahl von Archivalien innerhalb einer bestimmten Zeitspanne besteht nicht.

Die Archivalien dürfen grundsätzlich nur im Benutzerraum eingesehen werden. Die Mitnahme in andere Räume des Hauses ist nicht gestattet. Jeder Benutzer hat die Archivalien sorgfältig zu behandeln und sie nach Benutzung in der vorgefundenen Ordnung zurückzugeben beziehungsweise am Arbeitsplatz zu belassen. Taschen und sonstige Behältnisse sind beim Betreuer abzugeben.

Auszüge aus den Archivalien (Abschriften, Notizen, Skizzen usw.) sollen ausschließlich mit Bleistift oder elektronisch angefertigt werden. Sie sind auf Verlangen den Archivmitarbeitern vorzuzeigen. Fotokopien können aus konservatorischen Gründen, insbesondere zur Vermeidung von Schäden am Archivgut, grundsätzlich nicht angefertigt werden.

Von jeder mit Hilfe von Archivgut aus dem XY-Archiv erstellten Arbeit (Manuskript, Publikation) ist dem XY-Archiv unaufgefordert und unentgeltlich ein Belegexemplar zu überlassen.

Der Benutzer hat Urheber- und Persönlichkeitsrechte sowie berechtigte Interessen Dritter zu wahren. Für die Verletzung dieser Rechte und Interessen kann er belangt werden.

V. Haftung

Das Unternehmen XY übernimmt keine Haftung für Schäden, die dem Benutzer durch den Besuch im XY-Archiv entstehen. Der Benutzer haftet seinerseits für alle durch ihn verursachten Schäden.

VI. Inkrafttreten

Die Benutzungsordnung tritt mit sofortiger Wirkung in Kraft.

→ Muster: Verpflichtungserklärung

Verpflichtungserklärung für Archivbenutzer

Ich »...« erkläre mich hierdurch einverstanden,

- meine Arbeit »...« vor Veröffentlichung der Geschäftsführung des Unternehmens XY vorzulegen und aus deren Sicht geheimhaltungsbedürftige Tatsachen nicht in die endgültige Fassung der Arbeit aufzunehmen;
- die Teile meiner Arbeit, welche mit Hilfe von Unterlagen des Archivs des Unternehmens XY erarbeitet wurden, vor der Veröffentlichung dem Leiter des Archivs zur Überprüfung vorzulegen und – falls erforderlich – sachliche Richtigstellungen vorzunehmen;
- für die Einhaltung von Persönlichkeits- und Urheberrechten die alleinige Verantwortung zu übernehmen;
- ein Belegexemplar meiner Arbeit – unabhängig von ihrer Veröffentlichung – dem Archiv unaufgefordert und kostenfrei zur Verfügung zu stellen;
- in meine Arbeit Quellenangaben in Hinblick auf die Bestände des Archivs des Unternehmens aufzunehmen;
- den Inhalt der Archivunterlagen nur zu den dem Archiv angegebenen Zwecken zu verwenden und ggf. für eine Erweiterung des Themas oder für eine Verwendung der aus den Archivunterlagen gewonnenen Kenntnisse für andere Arbeiten oder Veröffentlichungen die Genehmigung des Unternehmens einzuholen;
- dass die Archivbenutzung jederzeit widerrufen werden kann und der Umfang der archivischen Dienstleistungen vom Unternehmen bestimmt wird.
- dass eine Mitnahme von Archivalien oder deren Zusendung zur Bearbeitung grundsätzlich ausgeschlossen ist.

→ **Muster: Archiv-Entgeltordnung**

Entgeltordnung des XY-Archivs

Erwerb von Fotoabzügen

Wer Fotos, Zeichnungen, Pläne, Bild- und Tonträger aus den Beständen des Bildarchivs und des Historischen Archivs erwirbt, entleiht oder zur Ansicht anfordert, erkennt die Bedingungen der Benutzungsordnung an.

Erwerb von Nutzungsrechten

Alle im Archiv, Bildarchiv und im Fundus des Museums befindlichen Werke sind geschützt. Dieses betrifft das Sacheigentum als auch das geistige Eigentum. Der materielle Erwerb von Fotoabzügen schließt nicht die Genehmigung ein, diese in irgendeiner Form zu veröffentlichen. Die Veröffentlichung bedarf einer schriftlichen Genehmigung. Rechtliche Fragen wie Urheberrecht, gewerbliches Schutzrecht, verwandte Schutzrechte des Urheberrechts, Vermögensrecht, Urhebernennungsrecht, Schadensersatzanspruch und Urheberpersönlichkeitsrecht regeln sich aus den Gesetzeswerken.

Nutzungsentgelte

- für das Erteilen einer schriftlichen Auskunft: 10,00 €
- für das Recherchieren, Heraussuchen von Akten, Plänen, Zeichnungen, Fotos, Bild- und Tonträgern pro angefangene Stunde: 25,00 €
- Herstellungskosten für Schwarzweiß-Kopien im Archiv: DIN A4 = 0,25 €; DIN A 3 = 0,50 €

Die Produktionskosten für bestellte Fotoabzüge von vorhandenen Negativen und/oder weitere dem Auftrag dienende notwendige Arbeiten, wie z.B. die vorausgehende Herstellung von Negativen, Dias etc., trägt der Nutzer. Das Filmmaterial bleibt im Eigentum des Unternehmens. Die Wahl des Fotolabors trifft allein das Unternehmen.

Versandkosten sind je nach Aufwand vom Nutzer zu tragen.

Veröffentlichungsgebühr

Unter Verwendung eines eindeutigen Bildquellennachweises, hier: XY-Archiv der Fa. XY, wird für jedes Motiv eine Veröffentlichungsgebühr erhoben: 15,00 €/Stck.

Bei fehlendem oder nicht eindeutigem Bildquellennachweis sowie bei nicht genehmigter Nutzung von Aufnahmen erhöht sich die Veröffentlichungsgebühr um 100 %.

Die Weitergabe der Fotos an Dritte ist nicht erlaubt.

Nichtbeachtung der Bedingungen und Missbrauch können den Ausschluss von der Benutzung des Historischen Archivs, des Bildarchivs und des Fundus zur Folge haben.

Für die einmalige Verwendung in Fernsehsendungen werden gesonderte Konditionen vereinbart.

Digitalisierung

Die Wiedergabe von Fotos/Zeichnungen/Plänen auf digitalen Datenträgersystemen bedarf einer besonderen Genehmigung, die nur als erteilt gilt, wenn ein eindeutiger Einzelbildnachweis garantiert und eine Vereinbarung über Abgeltung der Rechte getroffen worden ist.

Kosten für die Digitalisierung:

– Scannen eines Fotos: 10,00 €
– Herstellung einer CD-ROM (incl. Versand): 10,00 €

→ Dienstleister

Die hier aufgeführten Dienstleister haben sich in den letzten Jahren auf dem deutschen, österreichischen und schweizerischen Markt etabliert. Aufgeführt werden Kontaktdaten sowie das Profil der jeweiligen Dienstleister, die sich auf eine Anfrage gemeldet haben. Die Liste erhebt keinen Anspruch auf Vollständigkeit. Hinweise zu weiteren Dienstleistern bitte an den Autor.

Vergangenheitsagentur – The History Agency
Hilmar Sack & Alexander Schug GbR

Raumerstraße 30
10437 Berlin

Tel: (030) 44 73 73 03
Fax: (030) 44 73 73 03
E-Mail: info@vergangenheitsagentur.de
Internet: www.vergangenheitsagentur.de

Mit einem Netzwerk von erfahrenen Historikern, Archivaren, Journalisten, Web-/Grafik-Designern, PR-Profis und Partnern aus der Verlagsbranche bietet die Vergangenheitsagentur umfangreiche historische Dienstleistungen aus einer Hand: vom History Marketing bis zur einfachen Recherche, von Konzepten zur Markenpolitik bis zu deren Umsetzung. Die Vergangenheitsagentur ist eine spezialisierte Kommunikationsagentur und Partner von Wirtschaft, Verbänden, Kultur und Privatpersonen.

ArchivInForm

Tessa Neumann
Diplom-Archivarin
Erich-Weinert-Straße 76
10439 Berlin

Tel: (030) 52 54 99 27
Fax: (030) 52 54 99 28
E-Mail: info@archivinform.de
Internet: www.archivinform.de

*ArchivInForm versteht sich als neues Forum für Wirtschafts-, Kommunal-
und Familienarchive. Wir helfen, Papierstau abzubauen und Kosten zu
kontrollieren, indem wir bei Ihren Akten Wichtiges von Unwichtigem
trennen. Die Erschließung von Archivbeständen schafft Transparenz und
schnellen Zugriff. Transkriptionen von Handschriften machen die Vergangenheit allen zugänglich.*

historymarketing.de

Dr. Martin Ruch
Hauptstraße 92
77652 Offenburg

Tel: (0781) 9 70 86 88
Fax: (0781) 9 70 86 87
E-Mail: info@historymarketing.de
Internet: www.historymarketing.de

*Recherche, Text, Archivservice; Unternehmens- und Unternehmerbiogra-
phie; Ausstellungen und Seminare zu historisch-wirtschaftlichen Themen;
Aufbau, Leitung und Marketing von firmen- und produktgeschichtlichen
Sammlungen; Konzeption und Realisierung von Firmenjubiläen.*

zeitsprung. Kontor für Geschichte
Drummer + Zwilling GbR

Heike Drummer und Jutta Zwilling
Musikantenweg 15
60316 Frankfurt a.M.

Tel: (069) 43 92 13
Fax: (069) 43 71 97
E-Mail: ZeitKontor@aol.com
Internet: www.zeitsprung-online.de

Angebot: Konzeption und Realisation von Ausstellungen und Publikationen, Recherchen und Archivorganisation. Arbeitsschwerpunkte: Geschichte des 19. und 20. Jahrhunderts sowie der NS-Zeit, politische Biografien, Frankfurter Stadt-, Regional-, Architektur- und Unternehmensgeschichte.

Historische Dienste & Geschichts-Marketing

Dr. Rolf Messerschmidt
Ippendorfer Allee 100
53127 Bonn

Tel: (0228) 23 47 79
Fax: (0228) 23 47 79
E-Mail: info@historische-dienste.de
Internet: www.historische-dienste.de

Wir bieten wissenschaftliche Beratung und historische Dienstleistungen. Wir realisieren sowohl Projekte, bei denen die eigene Geschichte präsentiert, als auch historische Themen aufgearbeitet werden. Als Allround-Dienstleister mit über fünfzehnjähriger Markterfahrung reicht unser Angebotsspektrum von der Einzeldienstleistung (Recherche, Beratung, Konzeption u.a.m.) bis zur umfassenden Kompaktlösung (Ausstellungsplanung/-realisierung, unternehmenshistorische/-kulturelle Analysen, historische Vermarktung der eigenen Geschichte).

Dr. Birgitt Morgenbrod – Dr. Stephanie Merkenich Historische Beratung, Recherche & Präsentation – GbR

Dr. Birgitt Morgenbrod/
Dr. Stephanie Merkenich
Friedhofstraße 44
41236 Mönchengladbach

Tel: (02166) 24 82 58
Fax: (02166) 25 48 96
E Mail: info@historische-beratung.de
Internet: www.historische-beratung.de

Wir schreiben öffentlichkeitswirksame und zielgruppenorientierte historische Texte für Magazine und Festschriften und betreuen Ausstellungen,

Internet-Seiten oder Multimedia-Projekte. Wissenschaftliche Qualifika-
tion, PR-Erfahrung und journalistischer Schreibstil machen uns zu einem
zuverlässigen Partner bei der Realisierung von History Marketing und
-PR, bei der Recherche in Archiven, Bibliotheken, Museen und Agenturen
genauso wie beim Schreiben.

Institut für Unternehmensgeschichte

Dr. Walter Hochreiter
Neuhäuserweg 5
79576 Weil am Rhein

Tel: (07621) 68 66 55
Fax: (07621) 68 66 51
E-Mail: info@firmengeschichte.com
Internet: www.firmengeschichte.com

Wir vermitteln Geschichte. Das Team: Fachjournalisten, erfahrene Wis-
senschaftler wie Professoren und Privatdozenten für Neuere Geschichte,
für Medien- und Kulturgeschichte sowie für Wirtschafts-, Sozial- und
Technikgeschichte. Die enge Zusammenarbeit mit dem verlag regionalkul-
tur garantiert Perfektion. Für eine einfache Broschüre genauso wie für das
repräsentative Buch. Ausstellungsmacher und Multimedia-Gestalter reali-
sieren Ausstellungen, Filme und Internet-Auftritte. Das ifu bietet alles aus
einer Hand.

Medienbüro Katrin Rohnstock

Prenzlauer Allee 217
10405 Berlin

Tel: (030) 42 85 22 55
Fax: (030) 42 85 22 77
E-Mail: medienbuero@katrin-rohnstock.de
Internet: www.katrin-rohnstock.de   rohnstock - biografien. de

Angebot: Autobiografien von Unternehmern und Firmenbiografien als pa-
ckende Geschichten. Besondere Kompetenz: Nach der von Literaturwissen-
schaftlerin Katrin Rohnstock entwickelten Methode werden mündliche Er-

zählungen von den Autoren ihres Büros in fesselnde Texte übersetzt. So werden Erfahrungsschätze bewahrt, Daten und Fakten mit Leben erfüllt. Bibliophile Gestaltung und Ausstattung setzen Zeichen für Ihre Unternehmenskultur, stiften Identifikation – bei Mitarbeitern und Kunden, Familie und Freunden. Zusatzangebote: Hörbuch (CD), Film.

Spuren X

Janet Anschütz/Irmtraud Heike
Postfach 910913
30429 Hannover

Tel: (0172) 5 44 77 53
E-Mail: info@spurenx.de
Internet: www.spurenx.de

Spuren X – Projekte für Kultur und Geschichte. Wir sind ausgebildete Historikerinnen mit langjähriger Berufspraxis insbesondere im Bereich der Zeit- und Regionalgeschichte. Zu unseren Dienstleistungen gehören Beratungen sowie Betreuungen von Projekten aber auch historische Recherchen jeglicher Art. Im Rahmen des Auftrages entstehen so u.a. Ausstellungen, Chroniken, Führungen, Manuskripte oder auch Zeitzeugeninterviews. Auftrag und Durchführung werden individuell abgestimmt.

Geschichtsbüro Reder, Roeseling & Prüfer

Dr. Dirk Reder, Dr. Severin Roeseling, Dr. Thomas Prüfer
Neuhöfferstraße 13-15
50679 Köln

Tel: (0221) 2 79 93 34
Fax: (0221) 2 79 93 39
E-Mail: info@geschichtsbuero.de
Internet: www.geschichtsbuero.de

Unternehmen sollten Ihre Geschichte nicht dem Zufall überlassen, sondern können sie aktiv für Unternehmenskommunikation und Marketing nutzen. Das Geschichtsbüro Reder, Roeseling & Prüfer erforscht und schreibt Unternehmens- und Verbandsgeschichte. Professionell und effizi-

*ent, überraschend und spannend, wissenschaftlich korrekt und verständ-
lich. Das Büro bietet alles aus einer Hand (von der Recherche bis zum fertigen Buch oder CD-ROM) und arbeitet im gesamten deutschsprachigen
Raum. Auf der Homepage finden sich zahlreiche Referenzen (Rodenstock,
WMF u.a.).*

Guttmann + Grau, Partnerschaft, Historikerinnen

Ute Grau, Dr. Barbara Guttmann
Herrenstraße 56
76133 Karlsruhe

Tel: (0721) 3 84 22 47
Fax: (0721) 3 84 22 48
E-Mail: guttmann_grau@gmx.de
Internet: www.guttmann-und-grau.de

*Ob Firmengeschichte oder Unternehmerbiographie, Jubiläumsbroschüre,
historische Ausstellung oder Internetpräsentation – Guttmann + Grau garantiert die erfolgreiche Realisierung historischer Projekte. Das von zwei
Historikerinnen mit langjähriger Erfahrung geführte Unternehmen steht
für fachlich fundierte Recherchen und innovative Präsentationsformen. In
Zusammenarbeit mit Verlagen und Designern verwirklichen wir maßge-
schneiderte historische »events«.*

ifw Institut für Firmen- und
Wirtschaftsgeschichte

Dr. Sven Tode (Geschäftsführer)
Güntherstraße 51
22087 Hamburg

Tel: (040) 41 35 20 58
Fax: (040) 41 35 20 59
E-Mail: Tode@ifw-homepage.de
Internet: www.ifw-homepage.de

*Das ifw Institut für Firmen- und Wirtschaftsgeschichte gehört zu den Pio-
nieren im Bereich des History Marketing und ist spezialisiert auf die Auf-
bereitung und Darstellung von Unternehmens- und Produktgeschichten.*

Seit 1998 konzipiert und betreut das ifw Firmenarchive, erstellt anlässlich von Jubiläen wissenschaftlich fundierte Festschriften, gestaltet Ausstellungen, verfügt über einen Recherche-Service und verbindet historische Fachkompetenz mit werbestrategischer Erfahrung.

Gesellschaft für Unternehmenshistorie und Medientechnik mbH

Axel Gierspeck (Geschäftsführer)
Postfach 2012
37010 Göttingen

Tel: (0551) 6 33 83 53
Fax: (0551) 6 33 83 54
E-Mail: info@unternehmenshistorie.de
Internet: www.unternehmenshistorie.de

uninteressant
(Foto)

Die Gesellschaft für Unternehmenshistorie & Medientechnik mbH erstellt Festschriften, Chroniken, hist. Gutachten und Ausstellungen von der Idee bis zur fertigen Festschrift oder Ausstellung – alles aus einer Hand!

FranKonzept ...im Dienst der Kultur...

Dagmar Stonus, M.A. & Jochen Ramming, M.A.
Schießhausstraße 15
97072 Würzburg

Tel: (0931) 3 53 99 70
Fax: (0931) 3 53 99 70
E-Mail: kontakt@frankonzept.de
Internet: www.frankonzept.de

Das Kulturbüro FranKonzept – gegründet 1997 – ist spezialisiert auf die Vermittlung von Geschichte. Auf der Basis solider (kultur-)historischer Forschungen und Recherchen entwickeln wir moderne Konzepte zur öffentlichkeitswirksamen Darstellung der Geschichte von Kommunen, Institutionen, Vereinen oder Firmen. Dabei nutzen wir Buch-, Zeitschriften- und Zeitungspublikationen ebenso wie die Präsentationsform der Dauer- und Wanderausstellung oder die Möglichkeiten neuer Medien.

Verbände/Institute/Vereine

Gesellschaft für Unternehmensgeschichte e.V.

Sophienstraße 44
60487 Frankfurt a.M.   www.unternehmensgeschichte.
Gabriele Pieri, M.A.

Tel: (069) 97 20 33 14
Fax: (069) 97 20 33 08
E-Mail: pieri@unternehmensgeschichte.de

Die Gesellschaft für Unternehmensgeschichte e.v. (GUG) wurde 1976 gegründet. Mitglieder sind sowohl Unternehmen als auch Privatpersonen. Die Gesellschaft fördert unternehmenshistorische Forschung. Sie setzt sich für die Weiterentwicklung der unternehmensgeschichtlichen Forschungsansätze und Methoden ein und ermöglicht deren Anwendung und Nutzung durch die Unternehmen.

Institut für bankhistorische Forschung e.V.

Kennedyallee 89
60596 Frankfurt a.M.

Tel: (069) 6 31 41 67
Fax: (069) 6 31 11 34
E-Mail: info@ibf-frankfurt.de
Internet: www.ibf-frankfurt.de

Das Institut bietet ein Forum für die Beschäftigung mit der Banken- und Finanzgeschichte und es unterstützt nicht zuletzt die Kreditinstitute in allen damit zusammenhängenden Fragen. Die Ziele des Instituts werden verwirklicht durch wissenschaftliche Publikationen und Veranstaltungen sowie bibliothekarische und dokumentarische Angebote. Das Institut bietet ferner eine Reihe von Dienstleistungen rund um die Bankengeschichte an.

Sparkassenhistorisches Dokumentationszentrum des DSGV e.v.

Simrockstraße 4

53113 Bonn

Tel: (0228) 2 04-244
Fax: (0228) 2 04-704
E-Mail: s-wissenschaft@dsgv.de
Internet: www.s-wissenschaft.de

Das Sparkassenhistorische Dokumentationszentrum versteht sich als Kompetenzstelle für die Geschichte der Sparkassen-Finanzgruppe. Es stellt den Unternehmen der Gruppe, Wissenschaftlern und der allgemeinen Öffentlichkeit Informationen zur Sparkassenhistorie zur Verfügung und unterhält ein Archiv mit Unterlagen zur Sparkassengeschichte.

VdA – Verband deutscher Archivarinnen und Archivare

Geschäftsstelle: Thüringisches Hauptstaatsarchiv in Weimar
Thilo Bauer M.A. (Geschäftsführer)
Postfach 21 19
99402 Weimar

Tel: (03643) 8 70-235
Fax: (03643) 8 70-164
E-Mail: info@vda.archiv.net
Internet: www.vda.archiv.net

Der VdA ist ein eingetragener Verein, zu dem sich Archivarinnen und Archivare in der Bundesrepublik Deutschland zusammengeschlossen haben. Sein Zweck ist die Förderung und die Wahrnehmung der Interessen des Archivwesens, insbesondere durch wissenschaftliche Forschung, Erfahrungsaustausch und fachliche Weiterbildung. Der VdA gibt Veröffentlichungen heraus und veranstaltet jährlich den Deutschen Archivtag. Seine Vereinsmitteilungen erscheinen in der Zeitschrift Der Archivar. Mitteilungsblatt für deutsches Archivwesen. Mit seinen derzeit rund 2.200 Mitgliedern ist er der größte Archivfachverband in Europa.

Verband Österreichischer Archivare (VÖA)

c/o Wiener Stadt- und Landesarchiv
Rathaus
1010 Wien

Tel: (01) 40 00-84821
Fax: (01) 40 00-7238

Der VÖA ist die Interessenvertretung der österreichsichen Archivare.

Verein Schweizerischer Archivarinnen und Archivare

Brunnengasse 60
Postfach
3000 Bern 7

Tel: (031) 3 12-7272
Fax: (031) 3 12-3801
E-Mail: vsa-aas@smueller.ch
Internet: www.staluzern.ch/vsa/home.html

Im Verein Schweizerischer Archivarinnen und Archivare sind die Schweizer Archive organisiert. In einer Arbeitsgruppe treffen sich auch die Archivare der schweizerischen Wirtschaftsarchive.

Vereinigung deutscher Wirtschaftsarchivare e.V.

c/o DaimlerChrysler AG
Dr. Harry Niemann
Konzernarchiv
HPC G 328
D-70546 Stuttgart

Tel: (0711) 17-22821
Fax: (0711) 17-53163
E-Mail: petra.secunde@daimlerchrysler.com
Internet: www.wirtschaftsarchive.de

Die VdW ist der Fachverband für das Archivwesen der Wirtschaft in der Bundesrepublik Deutschland und im deutschsprachigen Ausland. Sie hat sich die Aufgabe gestellt, das Archivwesen der Wirtschaft zu fördern, Stu-

dien zur Unternehmensgeschichte zu unterstützen und Maßnahmen zur Aus- und Weiterbildung durchzuführen. Darüber hinaus berät die VdW bei der Neueinrichtung von Archiven, führt jährliche Arbeitstagungen zu aktuellen fachspezifischen Themen durch, gibt die Fachzeitschrift »Archiv und Wirtschaft« heraus und arbeitet mit wissenschaftlichen Einrichtungen, Berufsverbänden und anderen Archivsparten im In- und Ausland zusammen.

→ LITERATUR

Literatur zu Teil I

Gall, Lothar et al. (Hg.), Unternehmen im Nationalsozialismus, München 1998

Gries, Rainer, Produkte als Medien. Kulturgeschichte der Produktkommunikation in der Bundesrepublik und der DDR, Leipzig 2003

Habisch, A. Corporate Citizenship – Gesellschaftliches Engagement von Unternehmen, Berlin 2003

Jung, Joseph, Von der Schweizerischen Kreditanstalt zur Credit Suisse Group. Eine Bankengeschichte, Zürich 2000

ders. (Hg.), Zwischen Bundeshaus und Paradeplatz. Die Banken der Credit Suisse Group im Zweiten Weltkrieg. Studien und Materialien, Zürich 2001

Kocks, Klaus/Uhl, Hans-Jürgen, Aus der Geschichte lernen. Anmerkungen zur Auseinandersetzung von Belegschaft, Arbeitnehmervertretung, Management und Unternehmensleitung bei Volkswagen mit der Zwangsarbeit im Dritten Reich, Wolfsburg 1999 (=Historische Notate. Schriftenreihe des Unternehmensarchivs der Volkswagen AG, Wolfsburg)

Mommsen, Hans/Grieger, Manfred, Das Volkswagenwerk und seine Arbeiter im Dritten Reich, Düsseldorf 1996

Pierenkemper, Toni, Unternehmensgeschichte. Eine Einführung in ihre Methoden und Ergebnisse, Stuttgart 2000 (=Grundzüge der modernen Wirtschaftsgeschichte, Bd. 1)

Pohl, Hans (Hg.), Wilhelm Treue. Unternehmens- und Unternehmergeschichte aus fünf Jahrzehnten, Stuttgart 1989

ders. (Hg.), Beschleunigte Zeitenwende. Historische Gesellschaft der Deutschen Bank 1991-2001, München 2001

Pohl, Manfred, Unternehmen und Geschichte, Mainz 1992

Spiliotis, Susanne-Sophia, Verantwortung und Rechtsfrieden. Die Stiftungsinitiative der deutschen Wirtschaft, Frankfurt a.M. 2003

→ *Hilfreiche Links:*
Deutsche Public Relations Gesellschaft: www.dprg.de
Stiftungsinitiative der Deutschen Wirtschaft: www.stiftungsinitiative.de
Stiftung Erinnerung, Verantwortung und Zukunft: www.stiftungevz.de
Unabhängige Expertenkommission Schweiz – Zweiter Weltkrieg (UEK): www.uek.ch/de

Literatur zu Teil II

Baerns, Barbara (Hg.), PR-Erfolgskontrolle. Messen und Bewerten in der Öffentlichkeitsarbeit. Verfahren, Strategien, Beispiele, Frankfurt/M. 1995
Brückner, Michael, Das Firmenjubiläum als Marketinginstrument, Wien 2000
Dech, Uwe Christian, Sehenlernen im Museum. Ein Konzept zur Wahrnehmung und Präsentation von Exponaten, Bielefeld 2003
Herbst, Dieter, Public Relations, Berlin 1997
Huber, Joachim et al., Handhabung und Lagerung von mobilem Kulturgut. Ein Handbuch für Museen, kirchliche Institutionen, Sammler und Archive, Bielefeld 2003
Koch, Anne, Museumsmarketing. Ziele, Strategien, Maßnahmen, Bielefeld 2002
Kroker, Evelyn et al., Handbuch für Wirtschaftsarchive. Theorie und Praxis. Hrsg. im Auftrag der Vereinigung deutscher Wirtschaftsarchivare e.V., München 1998.
LaFontaine, Jork de la (Hg.), Das Firmenjubiläum, Neuwied 1999
Lange, Th. (Hg.), Schülerarbeit im Archiv, Weinheim 1993
Mikus, Anne et al., Firmenmuseen in Deutschland. Von Automobilen bis Zuckerdosen. Hrsg. im Auftrag der Vereinigung deutscher Wirtschaftsarchivare e.V., Bremen 1996 (leider vergriffen)
Nöllke, Matthias, Kreativitätstechniken, Freiburg 2002
Pieper, Joachim, Lernort Nordrhein-Westfälisches Hauptstaatsarchiv in Düsseldorf. Geschichte entdecken, erfahren und beurteilen. Ei-

ne Einführung in die Archivarbeit. (Veröffentlichungen der staatlichen Archive des Landes Nordrhein-Westfalen, Reihe G: Lehr- und Arbeitsmaterialien, Bd. 6), Düsseldorf 2000
Rota, Franco P., PR- und Medienarbeit im Unternehmen. Instrumente und Wege effizienter Öffentlichkeitsarbeit, München 1994
Scheurer, Hans (Hg.), Presse- und Öffentlichkeitsarbeit für Kultureinrichtungen. Ein Praxisleitfaden, Bielefeld 2001
Schlicksupp, Helmut, 30 Minuten für mehr Kreativität, Offenbach 1999
Verein deutscher Archivare (Hg.), Archive in der Bundesrepublik Deutschland, Österreich und der Schweiz, Münster 2000.
Vereinigung deutscher Wirtschaftsarchivare e.V. (Hrsg.), Archiv und Wirtschaft. Zeitschrift für das Archivwesen der Wirtschaft, 1967ff.
Vereinigung deutscher Wirtschaftsarchivare e.V. in Zusammenarbeit mit Institut für bankhistorische Forschung e.V. (Hrsg.), Leitlinien zur Errichtung von Archiven in der Kreditwirtschaft, Frankfurt a.M. 1997.
Werchenfelder, K. et al., Handbuch der Museumspädagogik, Düsseldorf 1992

→ *Hilfreiche Links:*
Archive im Internet/Wirtschaftsarchive: www.uni-marburg.de/archiv schule
Arbeitskreis Archivpädagogik und historische Bildungsarbeit im Verein deutscher Archivare: www.archivpaedagogen.de

Literatur zu Teil III

Anders-Baudisch, Freia et al., Aus der Geschichte lernen. Berufliche Orientierung für Geschichtsstudenten durch Berufsbiographien von Absolventen, in: Raabe (Hg.), Handbuch Hochschullehre, Bonn 1998, S. 16
Grabe, Wilhelm, Der »Berufshistoriker« und die »Geschichtskultur auf dem Lande«, in: Schmale, Wolfgang (Hg.), Studienreform Geschichte – kreativ, Bochum 1997, S. 155-166

Konrad, Heiko, Sozial- und Geisteswissenschaftler in Wirtschaftsunternehmen, Wiesbaden 1998

Rauthe, Simone, Public History in den USA und der Bundesrepublik Deutschland, Essen 2001

→ *Hilfreicher Link:*

National Council on Public History: www.ncph.org

→ ABBILDUNGSVERZEICHNIS

S. 35: Portraitfoto Dr. Harry Niemann; © Harry Niemann, Stuttgart

S. 39: Portraitfoto Stefan Hansen; © Stefan Hansen, Berlin

S. 53: Portraitfoto Dr. Manfred Grieger; © Manfred Grieger, Wolfsburg

S. 62: Portraitfoto Dr. Joseph Jung; © Joseph Jung, Zürich

S. 81: Cover Umweltgeschichte; © Volkswagen AG, Wolfsburg

S. 95: Audi museum mobile in Ingolstadt; © Audi AG, Ingolstadt

S. 96: Der Schokobrunnen im Imhoff-Stollwerck-Museum, Köln; © Schokoladenmuseum Köln

S. 97: Das Museum im Wasserwerk der Berliner Wasserbetriebe; © Alexander Schug, Berlin

S. 98: Museum im Wasserwerk, Berlin – Innenansicht; © Alexander Schug, Berlin

S. 100: Das Wäschereimuseum Berlin; © Wäschereimuseum, Berlin

S. 104: Der 125. Happy Biersday der Brauerei Karlsberg; © Karlsberg Brauerei, Homburg

S. 107: Renn- und Sportwagen auf einem Oldtimer-Festival, © Audi AG, Ingolstadt

S. 111: nostalgische Persil-Fahrzeuge; © Henkel, Düsseldorf

S. 111: Postkartenmotive; © Audi AG, Ingolstadt

S. 115: Cover der Erdal-Festschrift; © Werner & Mertz, Mainz

S. 121: Cover der CD-ROM »Geschichte der Schokolade« von Kraft Foods; © Kraft Foods, Bremen

S. 121: Cover der CD-ROM zur Geschichte der Deutschen Bank; © Deutsche Bank, Frankfurt/M.

S. 123: 65 Jahre Musterring; © Möbel Hübner, Berlin

S. 123: 125 Jahre Juwelier Wempe; © Gerhard D. Wempe, Hamburg

S. 124: Chrysler-Anzeigen; © DaimlerChrysler AG, Stuttgart

S. 132: Portraitfoto Prof. Willi Diez; © Willi Diez, Nürtingen

S. 144: hist. Foto; © Tessa Neumann, Berlin

S. 152: Archivverpackungen; © Tessa Neumann, Berlin

S. 157: Portraitfoto Tessa Neumann; © Alexander Schug, Berlin

S. 166: Portraitfoto James H. Lide; © James H. Lide, USA

S. 171: Portraitfoto Prof. Dieter Leuthold; © Dieter Leuthold, Bremen

→ Danksagung

Viele Personen haben zum Gelingen dieses Buches beigetragen. Ihnen allen sei herzlich für die Unterstützung, die Anregungen und die konstruktive Kritik gedankt. Insbesondere möchte ich Dr. Joseph Jung (Credit Suisse Group) danken, Dr. Harry Niemann (DaimlerChrysler), Dr. Manfred Grieger (VW), Stefan Hansen (Dorland Werbeagentur), Karl-Heinz Schult-Bornemann (ExxonMobil), Prof. Dr. Willi Diez (Fachhochschule Nürtingen), James H. Lide (History Associates), Prof. Dieter Leuthold (Hochschule Bremen), Dominik Zier (Bankhaus Sal. Oppenheim), Bärbel Kern (Kraft Foods) und Jelena Butter (Berliner Wasserbetriebe).

Ohne Tessa Neumann als Co-Autorin für das Kapitel »In sechs Schritten zum eigenen Unternehmensarchiv« wäre der Text nur halb so gut geworden. Und ohne die Unterstützung der Mitarbeiter des transcript-Verlages wäre das Buch in dieser Form sicherlich so nicht erschienen. Deshalb auch hier: ein großes Dankeschön!

Dank auch an die, die in den letzten Monaten die Geduld dafür hatten, dass sich meine Prioritäten zeitweilig erheblich verschoben haben.

VERGANGENHEITS AGENTUR

> **WIR MACHEN GESCHICHTE.**

▷ **RECHERCHE, TEXT, GESTALTUNG, KONZEPTE.**
Wir machen Geschichte für Sie und arbeiten
für Ihren Erfolg – wissenschaftlich fundiert,
spannend, kreativ, aufmerksamkeitsstark.
Nutzen Sie das History Marketing für Ihre
Kommunikationsarbeit.

▷ **VERGANGENHEITSAGENTUR –
THE HISTORY AGENCY**
Hilmar Sack & Alexander Schug GbR
Raumerstr. 30 - 10437 Berlin
Tel./Fax: +49–30–447 373 03
info@vergangenheitsagentur.de
www.vergangenheitsagenur.de

Weitere Titel zum Thema

Hans Scheurer (Hg.)
Presse- und Öffentlichkeits-
arbeit für Kultur-
einrichtungen
Ein Praxisführer

2001, 180 Seiten,
kart., 25,80 €,
ISBN: 3-933127-67-X

Anne Koch
Museumsmarketing
Ziele – Strategien –
Maßnahmen. Mit einer Analyse
der Hamburger Kunsthalle

Mai 2002, 284 Seiten,
kart., 27,80 €,
ISBN: 3-933127-93-9

Petra Schneidewind, Martin
Tröndle (Hg.)
Selbstmanagement im
Musikbetrieb
Handbuch für Musikschaffende

Mai 2003, 310 Seiten,
kart., 26,80 €,
ISBN: 3-89942-133-7

Vera Schlemm
Database Marketing im
Kulturbetrieb
Wege zu einer individualisier-
ten Besucherbindung im
Theater

Oktober 2003, 122 Seiten,
kart., 17,80 €,
ISBN: 3-89942-152-3

Hartmut John, Susanne
Kopp-Sievers (Hg.)
Stiftungen & Museen
Innovative Formen und
zukunftsorientierte Modelle

Juni 2003, 124 Seiten,
kart., 18,80 €,
ISBN: 3-89942-143-4

Kathrein Weinhold
Selbstmanagement im
Kunstbetrieb
Handbuch für Kunstschaffende

Oktober 2003, ca. 200 Seiten,
kart., ca. 25,80 €,
ISBN: 3-89942-144-2

Leseproben und weitere Informationen finden Sie unter:
www.transcript-verlag.de